低碳生活解读

Interpretation of Low-carbon Life

2010年“麟德新年杯”首届景观设计大赛作品集

The Works of '2010 Lin-De New Year Cup of the First Landscape Design Competition

主编　蔡强

中国建筑工业出版社

› 序

2010 年“麟德新年杯”首届景观设计大赛的题目是：“低碳生活解读”。这是一个既高深，又时髦风尚，既国际，又有民族文化内涵的课题。我对它初浅的解读是：碳、谈、探。

碳——二氧化碳排放量的简称。

这个既熟悉又陌生的名词，重新跳入了人们的眼帘，它迫使人们去思考，去行动，要拯救自己的家园地球。

全球气候大会在哥本哈根召开，引起了全球的关注，由低碳而引发的一场新的工业革命即将到来。这是后工业化的要求，促使人们不得不思考人类怎样发展，我们的生活方式怎样转变，这场革命是对我们整个民族的挑战。

低碳将会改变一切。

谈——是一种表达的方式，用景观艺术来表达自己对一种文化概念的解读。

景观最大的特色是以环境艺术和文化概念来与人对话，与自然交流，所传达出的是一种精神、向往和对文化的解读。

深大的学子们以不同的方式在人与自然间用低碳话题对话，最珍贵的是他们用心灵在沟通，把设计之手搭在景观艺术的肩上，他们一定会拥有这个世界。

沟通将会改变认识。

探——在设计低碳生活中探索，在独特的设计理念中探索，在表达未来中探索。未来生活一定是低碳的，更加绿色的。

传统的才是国际的，在这个真理的快车道上迈进是不会出问题的。中华民族自古就是一个低碳意识很强的民族，在中国传统文化中从来就提倡“师法自然”，认为只有尊重自然，效法自然，以自然为师，才能使自己的生活更美好，传统美学观念认为天地万物顺天应人是最大的慈悲。一句话，要解读好低碳生活，就要先解读好我们的传统文化，这是根。从根本中去求索低碳生活的解读。

有根基才能改变未来。

广东麟德企业董事长

深圳大学景观设计学研究所名誉所长

杨力民

2010 年 7 月 1 日

前言

关注气候变化，保护人类资源，是我们的责任。
——将“低碳”融入大学生的生活

本次“低碳生活解读”——2010年“麟德新年杯”首届景观设计大赛，是由广东麟德企业联合深圳大学景观设计学研究所为我院环境艺术专业专门设立的一项学生设计实践奖励基金活动。

大赛以深圳大学校园西北角（荔枝园）为选址用地，实题实作，建立开放式户外学习空间，营造一个低碳的景观学习示范区。以低碳和资源再生为理念，唤起大学生对人类和地球的关爱，倡导自然科学利用，采集自然能源，把低碳生活植于校园！

我们的关爱从设计中开始，用竞赛形式来巩固和运用知识，以“低碳生活解读”为题，让学生树立高度的社会责任感，激发学生的创作热情。大赛注重实效，从实际出发，鼓励学生深入理解低碳生活意义，发挥想象力，提高设计水平。

通过大赛，学生在课余的学习、演艺活动、英语角及智力竞赛等非正式比赛的活动可在校园里展开，尽可能地减少温室气体排放，减少资源的浪费。校企合作通过主题大赛的形式进一步加强对优秀专业人才的培养，扩大艺术设计学院环境艺术设计专业学生的视野和社会影响力，重视应用型人才的培养，增进设计教育的活力，是举办这次大赛活动的核心目的。

2010年“麟德新年杯”首届景观设计大赛组委会

2010年5月

Contents
目录

01 02 03 04

赛程启动仪式

06 07

05

01 广东麟德企业董事长/深圳大学景观设计学研究所名誉所长　杨力民

02 尚旅麟德景观设计（深圳）有限公司设计总监朱晶莹为我们讲解景观设计的步骤

03 深圳市憧景园林景观设计有限公司总经理姜前勇为我们讲解低碳的概念

04 尚旅麟德景观设计（深圳）有限公司张芳总经理

05 蔡强教授为本次启动仪式致词

06～08 同学们认真听各位指导专家的讲解

09 与会专家与同学们合影

08　09

复赛评审现场

01 评审专家正在认真审阅同学的作品
02 学院党委副书记何军老师
03 评审专家们在交流学生们的作品
04 蔡强教授正在认真的评阅作品
05 邹明老师在认真的阅卷
06 评阅专家和工作人员合影

01 02 03

04 05 06

01

2010年「麟德新年杯」首届景观设计大赛

一等奖作品

Works of the First Prize

01编织梦想

编织梦想 一等奖

深圳大学艺术设计学院环境艺术设计系 陈雪平

设计说明：

本设计主要由一条竹编的漫步长廊以交织、腾起、扭转的形态，寄予着深大学子来自五湖四海，相聚在一起，为了自己的梦想不断地努力、奋斗，即使道路有多么的崎岖，只要肯努力，战胜困难、扭转命运，最终梦想成真的信心！竹子寓意着虚心、气节、坚韧和友情等，就好比深大学子对学习、生活、梦想的追求的表现。本方案既是一个公共艺术品，也是一开放的户外学习空间，在营造一个低碳的景观学习区的要求下，满足休闲、学习、健身等功能。使其成为深圳大学除文山湖、脚踏实地等主要景观以外的又一重点景观。

方案前期分析

01

02 03 04 05

01 巨大日晷“时光”，寓意着珍惜时光

02 脚踏实地 深圳校训“自立、自律、自强” 03“天地人和”喷泉 04 竹编 05 编织

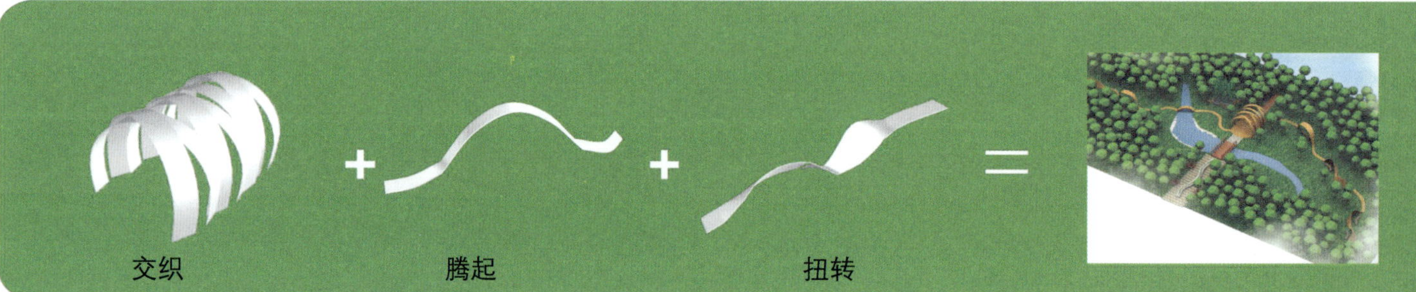

景观节点分析

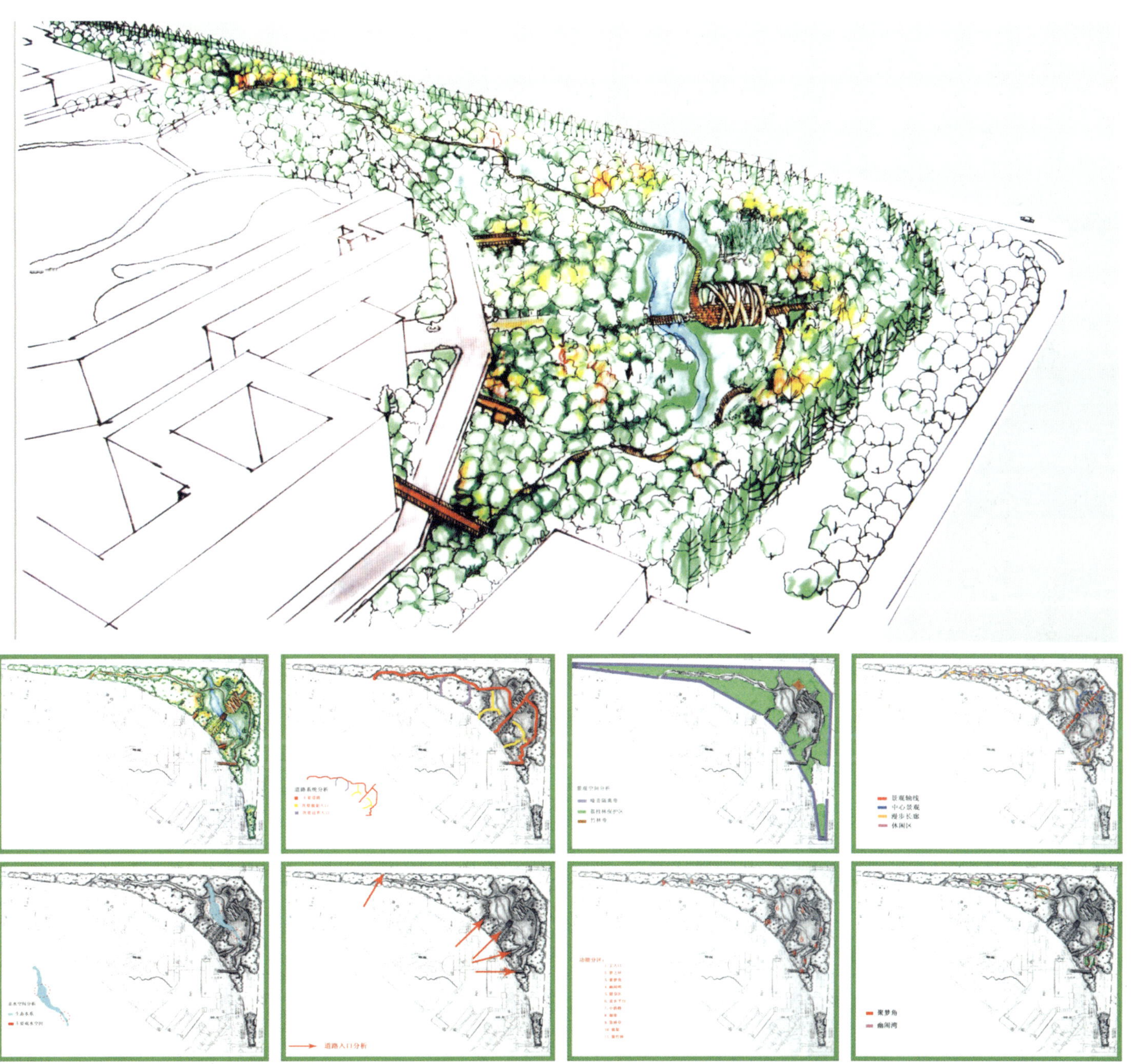

景观功能分析

梦之环

重点景观建筑命名为“梦之环”，寓意着深大学子的梦想交织在荔园，而荔园是一个梦想的孕育地。同学们可以在此畅谈自己的理想、互相学习、一起为梦想奋斗。

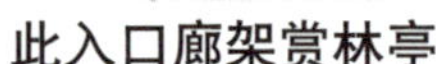

此入口廊架赏林亭

连接文科楼的廊架

紫竹林

健身区

鸟瞰图

腾起的休闲空间为“聚梦角”，学习、休闲的空间聚集了同样为梦想奋斗的学子。

“幽闲湾”，扭转形成的半私密空间，在尽显生态自然美景同时，也少不了与同学的感情交流。

主入口

主入口以草皮与石材编织成的铺地，不断地蔓延着自然的气息。入口中间有一条绿化带，和周边树池形成供以驻足休闲、学习的场所。

亲水平台

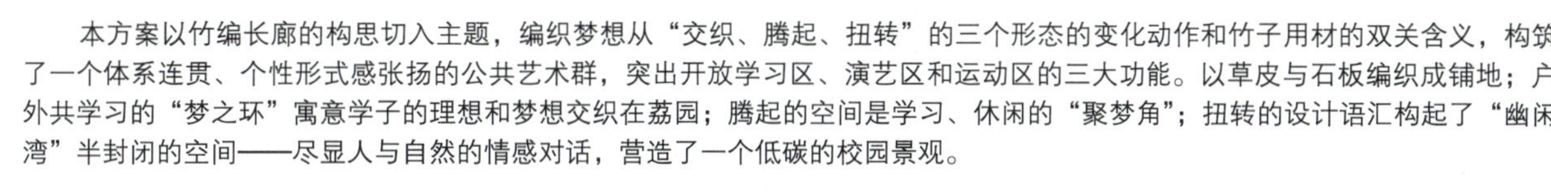

作品点评： 点评专家：蔡强

本方案以竹编长廊的构思切入主题，编织梦想从“交织、腾起、扭转”的三个形态的变化动作和竹子用材的双关含义，构筑了一个体系连贯、个性形式感张扬的公共艺术群，突出开放学习区、演艺区和运动区的三大功能。以草皮与石板编织成铺地；户外共学习的“梦之环”寓意学子的理想和梦想交织在荔园；腾起的空间是学习、休闲的“聚梦角”；扭转的设计语汇构起了“幽闲湾”半封闭的空间——尽显人与自然的情感对话，营造了一个低碳的校园景观。

02

二等奖作品

Works of the Second Prize

01 02 03 04 05

01生物·水·能量的循环　02场所创造　03青踏西北　04一本书的N种状态　05大地之衣

生物·水·能量的循环 二等奖

深圳大学建筑规划学院

程鹏／陈燕

设计说明：

以生态循环，自然能源收集作为中心理念，宏观上试图实现能量的循环；以现今相对成熟的技术对太阳能进行收集利用；从物质上进行循环利用，降低排放从而达到“低碳”的目标。

水循环：以湿地水道对雨水进行收集净化，汇总在中心水池形成湿地景观，并通过进水装置进行再利用。

生物循环：以草地，湿地生物食物链和互利共生的形式，让动植物达到生态平衡，同时人类从中得到益处。

太阳能循环：以太阳能电池板的形式收集太阳能，转换为电能，对基地内路灯供电。

室内保温：在屋顶种植植被，从而在一定程度上吸收室内在夏季烈日下的热量，减少空调能耗。

风能收集：在路灯顶部补充风能电机供电。

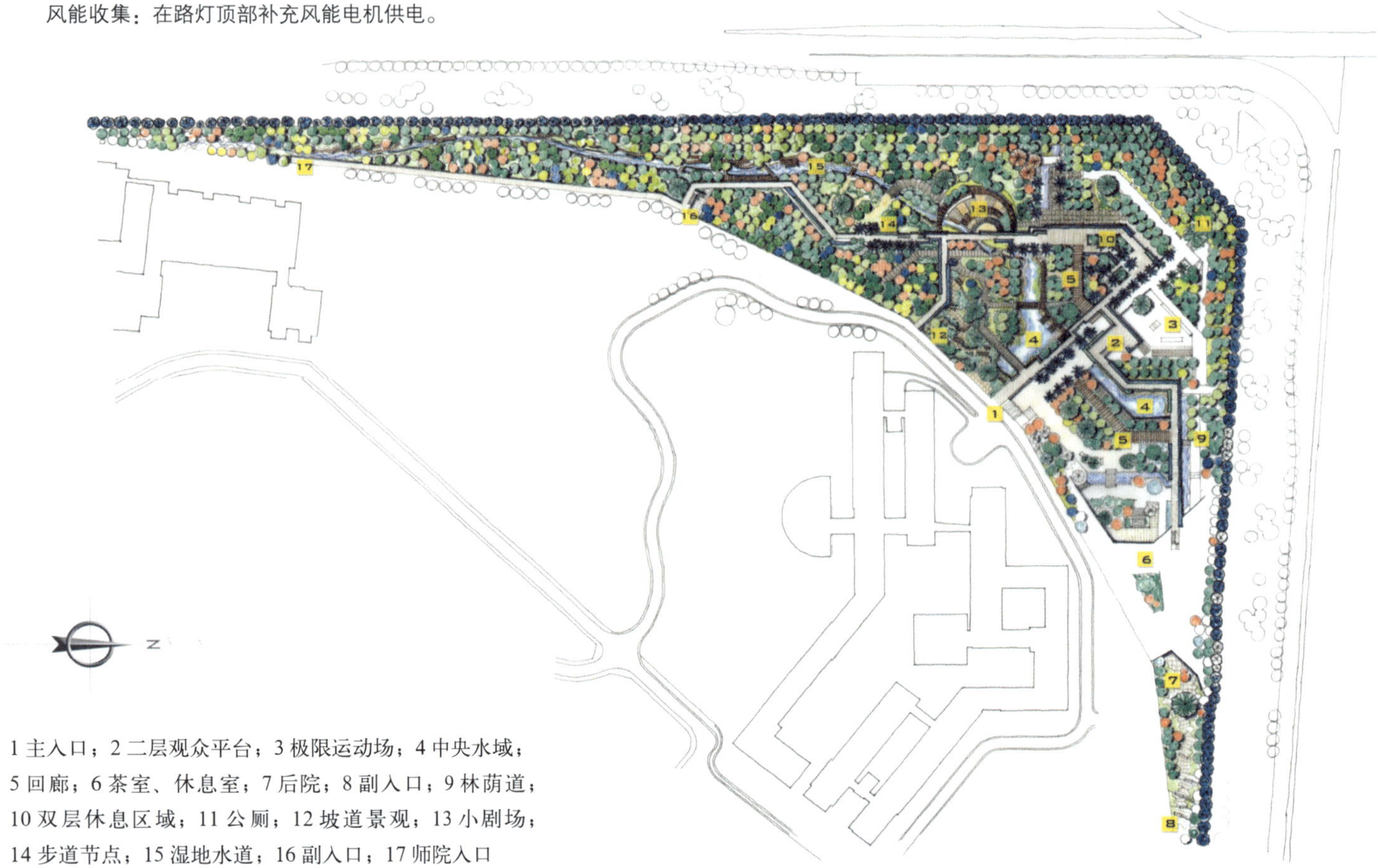

1 主入口；2 二层观众平台；3 极限运动场；4 中央水域；5 回廊；6 茶室、休息室；7 后院；8 副入口；9 林荫道；10 双层休息区域；11 公厕；12 坡道景观；13 小剧场；14 步道节点；15 湿地水道；16 副入口；17 师院入口

总平面1：800

鸟瞰图

局部效果图

剖面图 1

剖面图 2

植物配置及生长周期

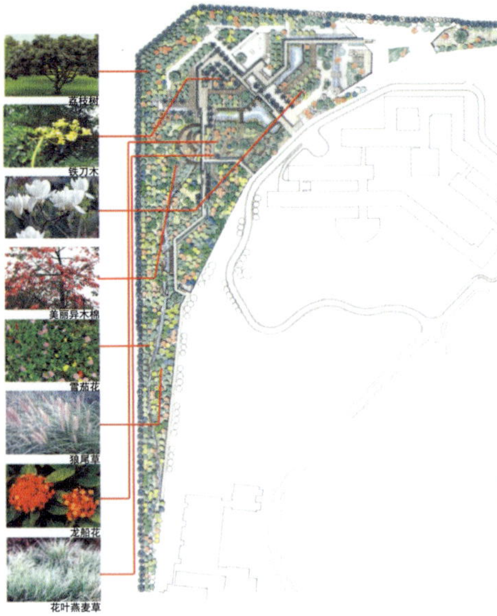

荔枝树
铁刀木
美丽异木棉
雪茄花
狼尾草
龙船花
花叶燕麦草

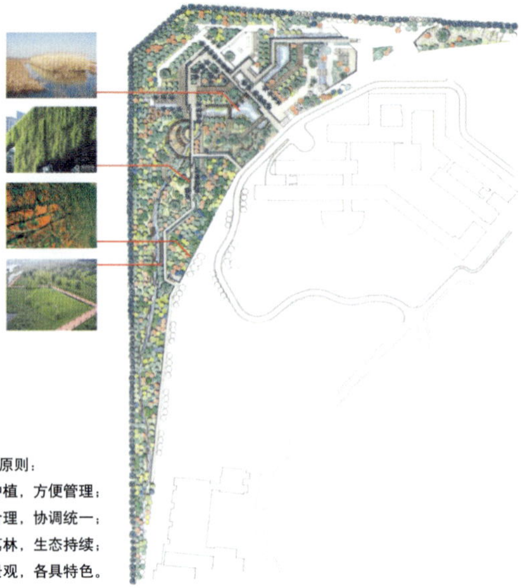

植物配置原则：

1. 适地种植，方便管理；
2. 布局合理，协调统一；
3. 保留荔林，生态持续；
4. 四季景观，各具特色。

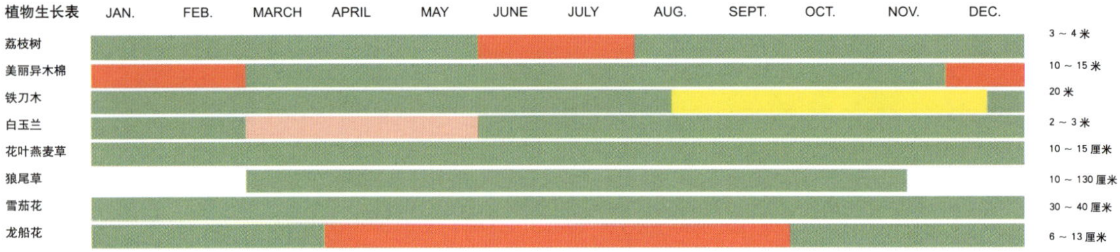

植物生长表	JAN.	FEB.	MARCH	APRIL	MAY	JUNE	JULY	AUG.	SEPT.	OCT.	NOV.	DEC.	
荔枝树													3～4米
美丽异木棉													10～15米
铁刀木													20米
白玉兰													2～3米
花叶燕麦草													10～15厘米
狼尾草													10～130厘米
雪茄花													30～40厘米
龙船花													6～13厘米

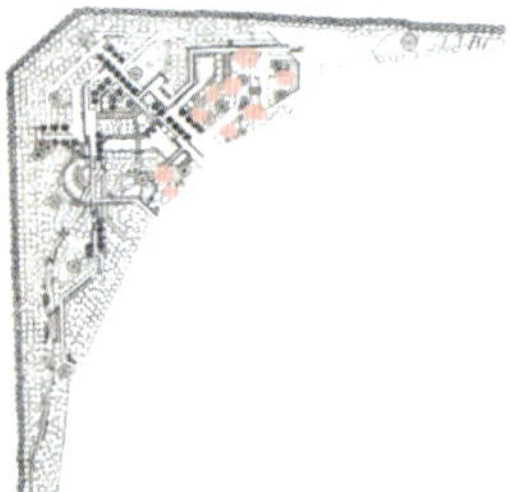

春季：白玉兰。
常绿乔木，花白色，有芬芳，为观赏树种。

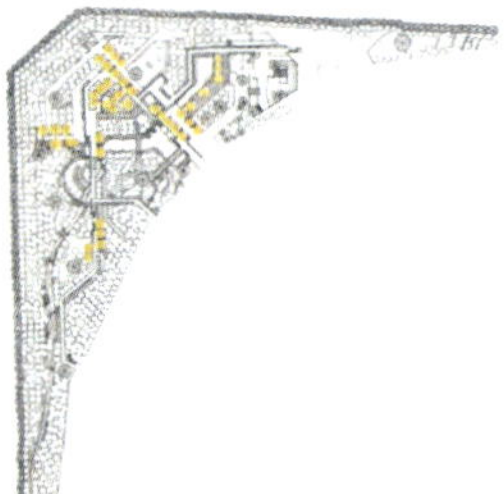

秋季：铁刀木。
秋季为开花期，盛花期，花金黄色，是良好的花卉景观树和绿荫树。

夏季：荔枝树。

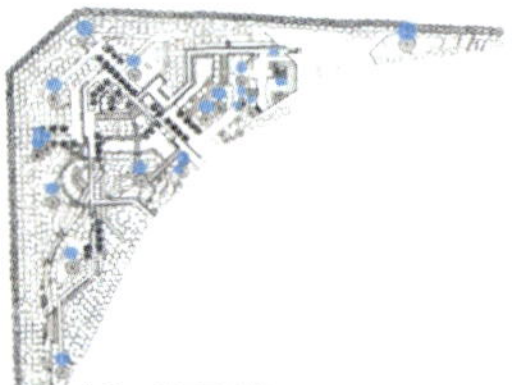

冬季：美丽异木棉。
落叶大乔木，高10～15米，夜色青翠，成年树树干成酒瓶状，冬季盛花期满树姹紫，秀色照人，是庭院绿化和美化的高级树种。

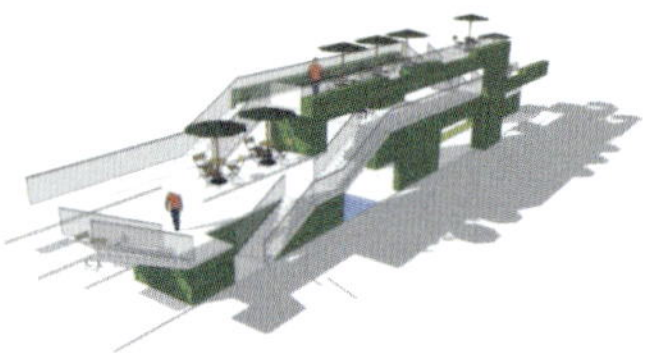

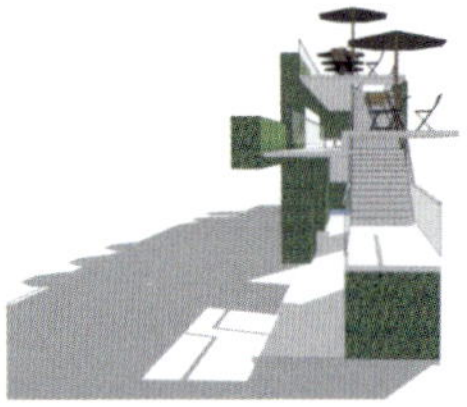

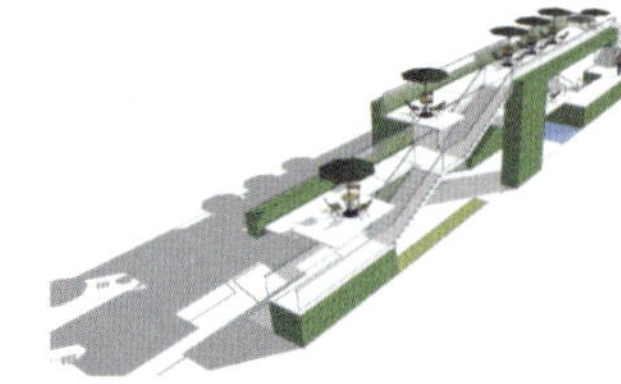

二层步道节点设计

01 以绿色植物覆盖支撑结构，对底层空间进行绿色围合，营造绿色空间

02 提升高度，以一个制高点俯瞰基地内的景观

03 在支撑结构挖洞，形成空间让人休息

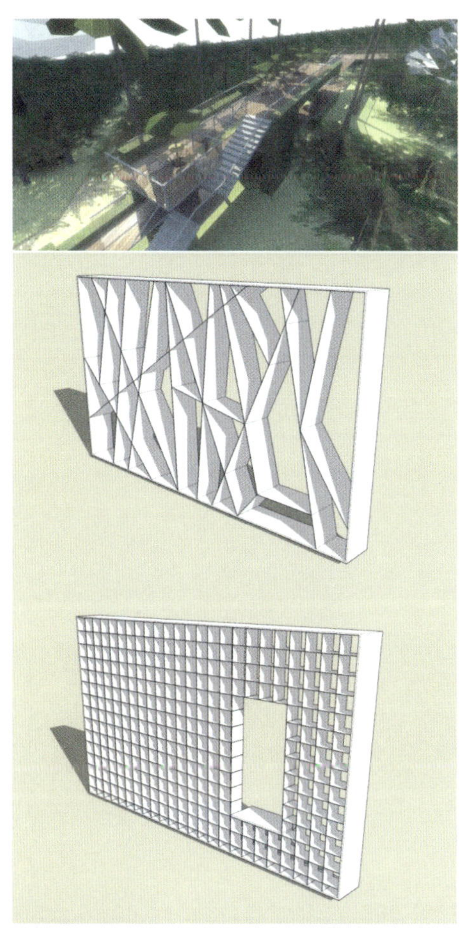

剖面图

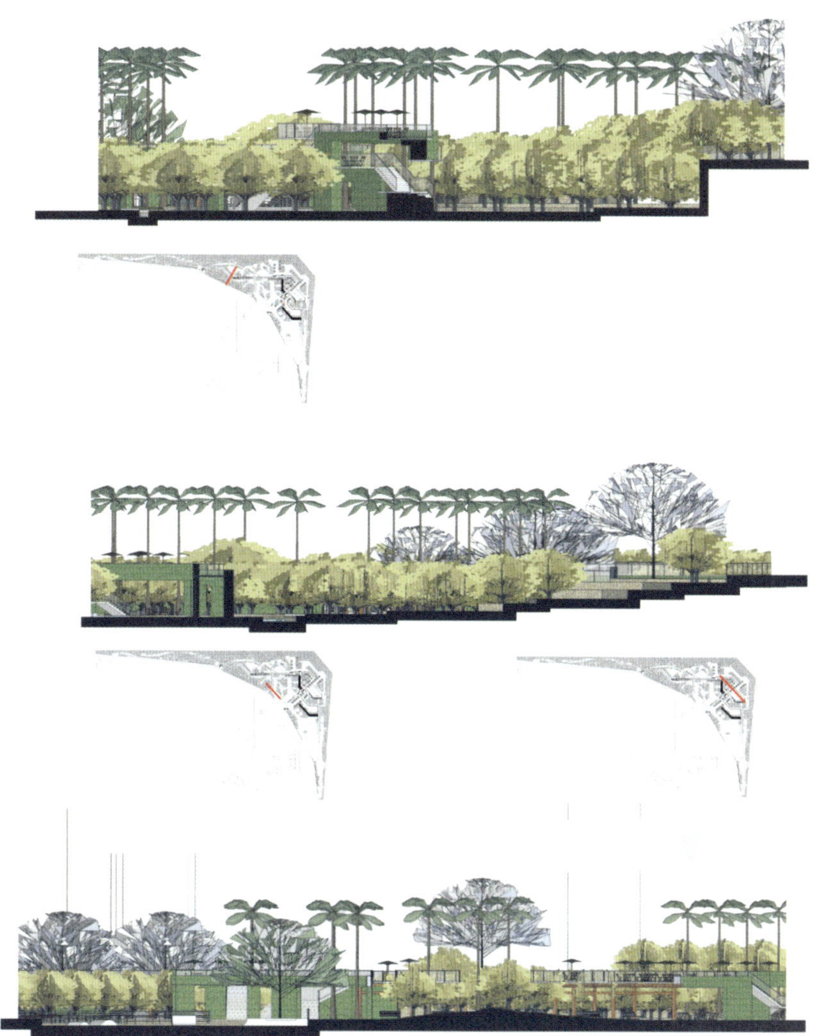

作品点评： **点评专家：姜前勇**

本案平面布局合理，空间层次明确，能合理地利用水体组织空间，增加景观的趣味性。对用地分析充分，能把握用地内荔枝林的特性。

方案利用太阳能设置和雨水收集等再生能源技术，体现低碳的设计主题。图面表达清晰，有一定的设计功底。

场所创造 二等奖

深圳大学艺术设计学院环境艺术设计系

刘志江

“场所创造”理念

“真正的场所并不存在于绿化之间，而是存在于人们值得记忆的体验中”。人们从大自然中获取灵感来把握景观建筑的精髓，将景观建筑融入自然之中，用体验创造场所。当我们经历被大自然所环绕的场所时，我们在精神上会感到富足，我们都渴望尽情体验大自然，并以此充实我们的精神，而大自然不受时间限制，灵活、持久，且变化万千、激情洋溢。自然和人类的激情在此碰撞，人们的精神得到满足，美妙的体验由此产生，场所便融入了人们的记忆。即使离开这里，也会回来，因为这个地方给人留下了深刻的回忆和体验。

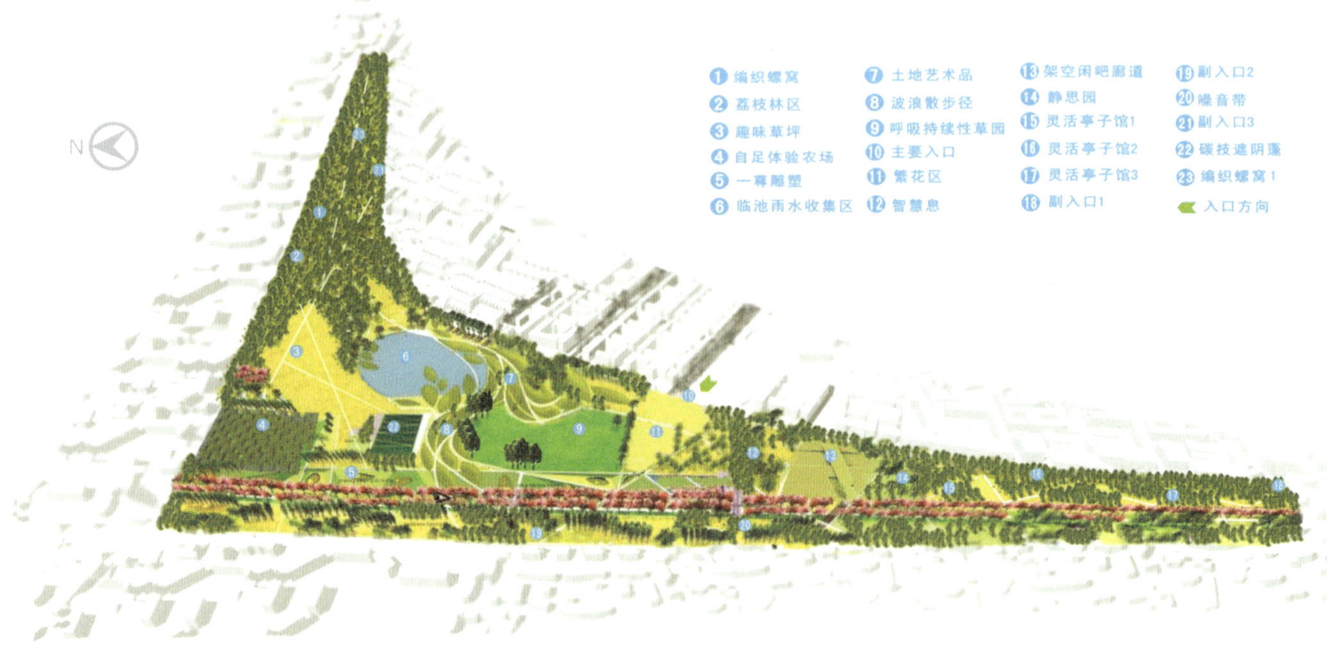

区域位置

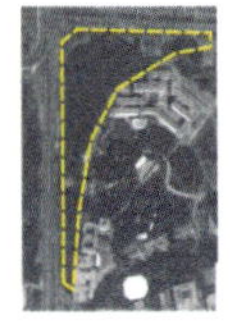

该用地位于深圳大学的西北边界，保持原来学校遗留的荔枝园，西北侧邻近城市干道，东侧现为文科楼。

现状分析

在校园里随时可以看见学生在每个角落户外学习。他们处于一个炎热、喧闹的空间，周边的行人给他们带来不少影响。而聚集在一起交流的场所极少，社团开会也是疏散露天，缺少私密性和凝聚性。

机遇条件分析 Opportunities

保持原有荔枝林，校园边缘高层建筑少

限制条件分析 Constraints

周围城市干道噪声大

设计方案

A 提出立意主题

生态绿轴叶脉状渗透发展被道路分割的各个区像珍珠一般被串联成绿色项链。

B 功能分区

根据道路网格的大体构架，基地被分成不同区域的块，区块之间的相互联系同周边区域相互联系成为设计重点。

C 设计定位

基地中心主要为景观带，同时基地是从东北＼西南两侧自然的延伸。

感悟生态1
Ecological Awareness

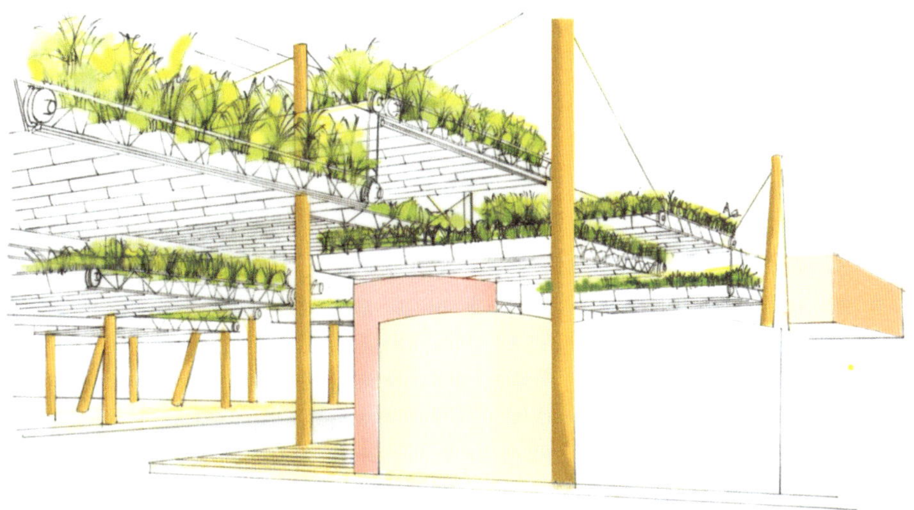

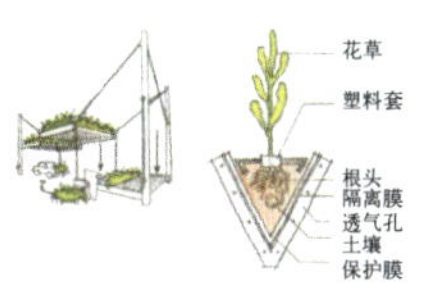

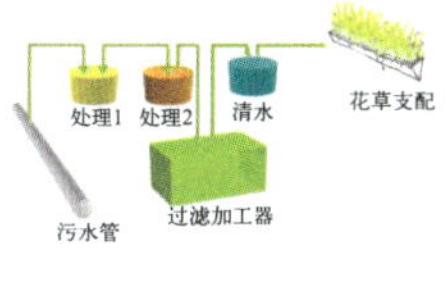

回归自然2
BacktoNature
（灵活多变的亭子）

灵活性和可移动性是这个亭子的主要特征，五个带有轮子的个体既可以使整个亭子组合起来，又可以使它们各自分开，以适应不同的活动需求。在夏天，它可以用来举办各种文化活动：演出、摄影展。通过改变各个部分的组合形式，现代亭子，融合在荔园之中。使亭子似乎像在环境生长出来的一般，将两者融为一体，物与环境回归自然。

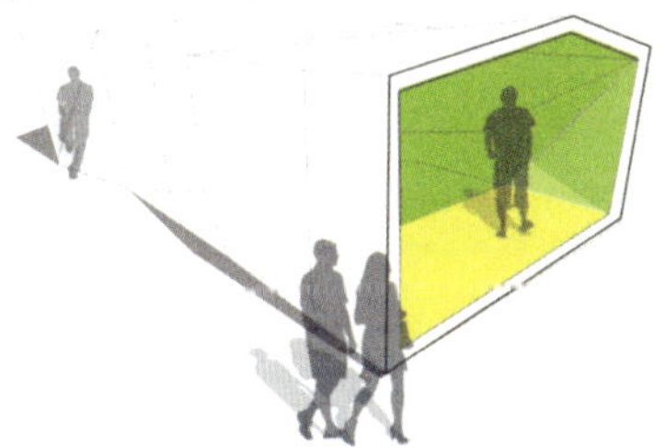

景观再生3
LandscapRegeneration
（一尊雕塑）

这是一款专为学校设计的有特色的，作为整体景观一部分的雕塑。它是一独具特色的座位墙，可躺、睡、坐，成为学生的户外阅读好地方。周围栽种了高大的荔枝树，提供了大量的荫凉。

（编织螺窝）

该结构建筑使用了简洁的当地材料并保持了材料的自然形状。用有机材料被紧紧的编织在一起形成了一种巨大的螺窝状结构，人们站在螺窝结构的不同地方便会感受到不同形状所带来的不同效果。开阔的空间可以形成一个圆形的剧场，而结构中最窄的空间部分可以为人们提供私密的交流场所。

绿色空间4
GreenSpace
（架空闲吧廊道）

1. 自然凉爽的风可以进入到室内。
2. 建筑结构的空间和规模直接影响着太阳能的获得，以及对于反射光线的有效使用。
3. 使用认可的木材，以及可循环使用的材料。
4. 绿色屋顶减少了太阳能的获得，控制了雨水的流失，为植物的生长提供了一种自然的条件。
5. 外部垂直的天窗使得空间内部免受太阳的暴晒，同时允许了空通，自然的光线可以通过这里进入建筑内。

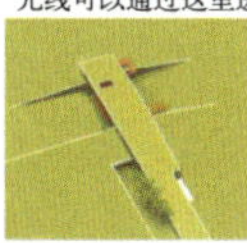

绿色空间4
GreenSpace
（绿色遮荫篷）

折叠形绿色板的遮荫篷，这是吸收太阳的最佳形式。遮荫篷主要结构材料是标准的电缆和Unistrut型钢架，再配上斑驳的颜色，这就形成了纹理丰富的外观。遮荫篷最顶上还有一层透明板。透明板中装有光伏打电池，能储存足够的能量用于晚上照明。

意向分析图

一条绿色的项链

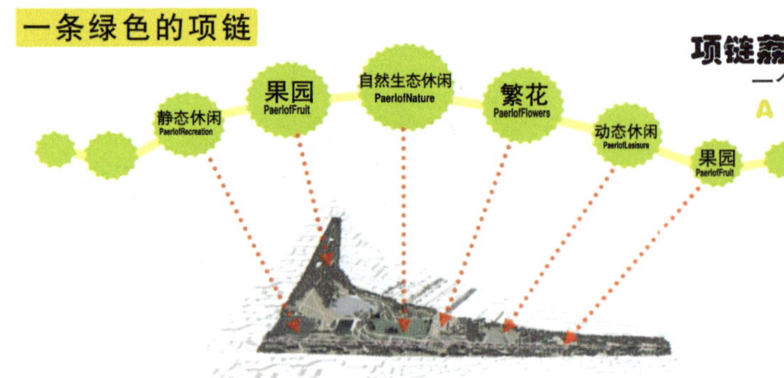

项链荔园——

一个让生命连接活力，让呼吸连接自由，让娱乐生活连接幻想的地方

A Park of Vitality, a Park of Freedom a Park

- 静态休闲——一个可漫步、可冥想、可休闲的地方。
  PaerlofRecreation
- 动态休闲——一个可动、可跳、可跑的地方。
  PaerlofLesisure
- 自然生态休闲——一个可感受、可触碰、可呼吸的地方。
  PaerlofNature
- 果园——一个可采撷、可品尝荔枝的地方。
  PaerlofFruit
- 繁花——一个可学习、可体验、可闻香的地方。
  PaerlofFlowers

人流道路分析

车通道路线

主要人行路线

次要人行路线

人流聚集区

荔枝林　临池　波浪山坡　绿化广场　噪声隔离带

景观空间分析

开放性空间

半私密空间

私密空间

景观节点

景观视线

季风分析

小

中

大

在空气置换里，利用树木的不同高度对季风的调节和风流起到非常大的作用，如图（季风的分析和影响）利用季风来调节空气，降低环境中空气热量，从而达到节能的目的。

冬至季风

夏至季风

隔声带碳技设计

隔声带树木的种植可以降低噪声，以及过滤高速公路二氧化碳排放的气体；垂直绿化将与周围建筑物的花园形成一个吸收污染气体的网络。因此，这个设计植被不仅被视为额外的绿色空间，同时也被作为局部呼吸肺。

空间结构分析

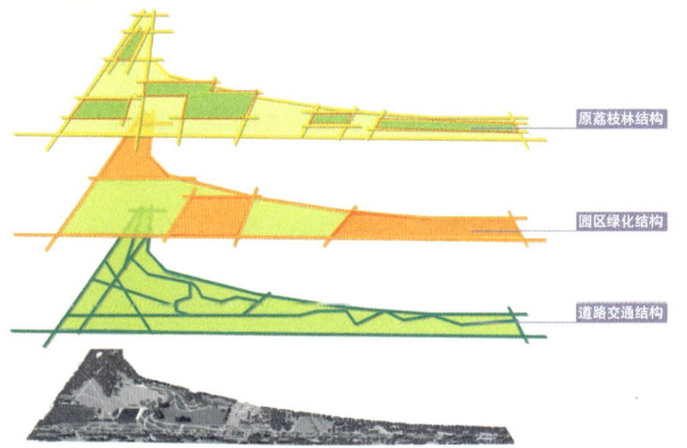

结构分析

中心区域设计：以公共空间绿地为主，整体定位为低碳生态景观休闲空间。

主体绿化设计：大同小异，私密程度有别的空间用以满足人们活动要求，使周围的节能建筑小品和错交有序的廊道构成中心景观的扩散体系，使整个地块的联系得到充分的强化。

保护体系设计：采用视线廊道联系点状的保护结构，突出保护所特有荔枝林和文化特色，中心部分都留出大广场，并且做出特别的设计，与景观视觉廊道构成一个整体。

区域交通设计：采取绿轴叶渗透交叉方式，同时使原有文科楼与所要设计区域结合为一个整体，同时加强道路与地块联系。

总体整合设计：根据生态低碳景观和可持续发展理念，进行整体考虑，通过设计促进彼此间的联系，需要让人们随时随地地交往，提供给大量交往空间，从而创造出校园公共环境景观休闲空间。

作品点评： **点评专家：侯佳彤**

该方案重点是生态环保，教育体验。这个主题非常好，不仅体现低碳环保的设计理念，更符合本次竞赛的宗旨。

在设计上采用视线廊道联系点状的保护结构，突出保护原有生态荔枝林。并通过项链串联的方式将各个景区联系在一起，将景观建筑融入自然之中，用体验创造场所。

在环保方面，在规划中的绿化区建有低影响力的零碳技术系统。利用雨水收集降低公园的用水成本，并利用可替代资源，所有的废水被重新用作肥料。

青踏西北 二等奖

深圳大学艺术设计学院环境艺术设计系

莫小任

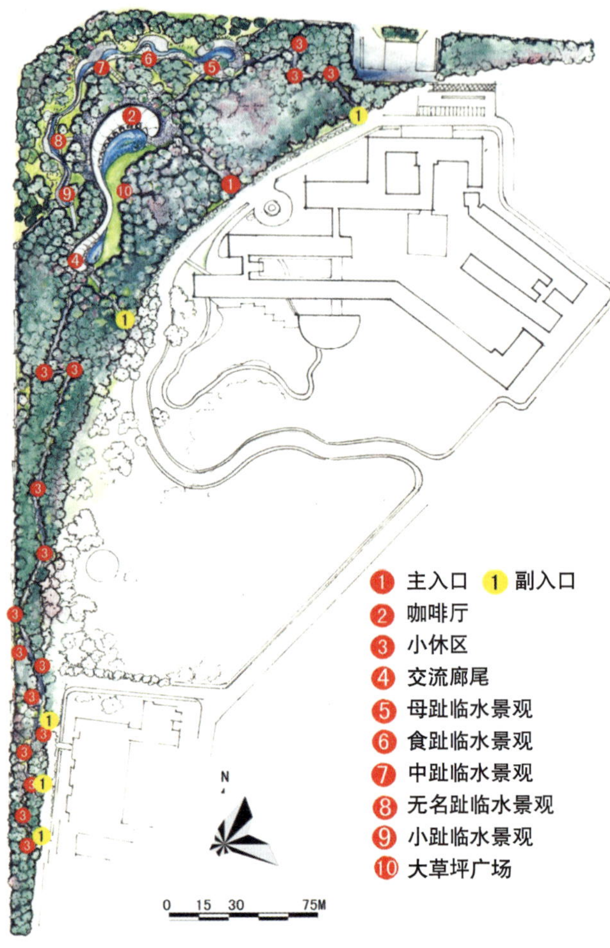

设计说明：

整体上运用脚踏实地的 Logo 衍生出平面图。结合环境对有限空间进行无限延伸。达到校园无边界。外观造型上运用仿生态百足虫。在局部处理上也运用生态的造型来满足视觉上的和谐。在使用人群分析中更多考虑实际上较多使用频率的人流，对学校本身学生住宿情况与上课时间安排上的矛盾，利用此空间的功能设计来化解矛盾，使住在桂庙西南的同学在课间时间尴尬段有个好去处。

在此考虑到西北角空间位置与学校生活区距离太远，在节假日和休息时间段使用人很少。所以本人不主张大面积去动土开发。同时根据西北角原有的荔枝林的繁茂和学校本身荔园文化考虑，保留了大概 80% 的荔枝树。

结合学生平时课余活动和学校各社团协会的多种活动，如：戏剧、街舞、演讲、讨论交流等，设计了长廊式的开放空间，里面附加休闲商业空间，以吸引更多的人流。

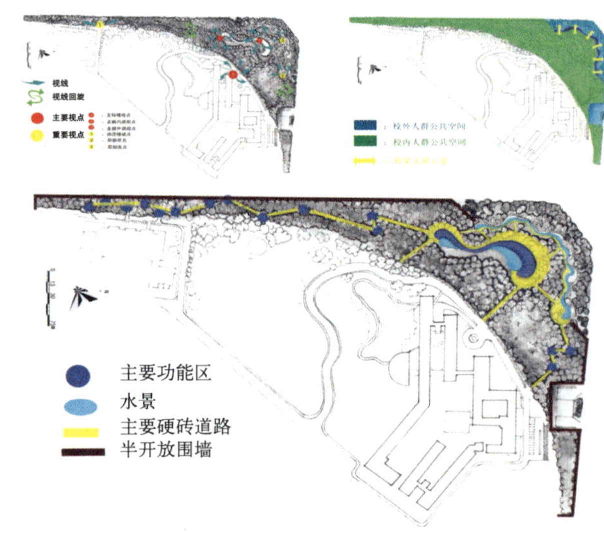

作品点评： 点评专家：蔡强

本方案以仿生形式的建筑设计手法，有序合理地布置了低碳校园景观的总体空间，设计构思大胆而富有新意，功能上的设计提供了课间、课余时间学生户外活动的去处。充分利用荔枝园采光、通风好的小气候条件的特征，在开放空间中考虑了学习、演艺和非赛事健康的户外运动区实用特点，以手绘的方式表现低碳和生态系统再生循环的理念。其设计形式表达生动、另类、真实，具有突出的个性化风格特色，曲线婉转的语言符号及水景观的营造建立了独特的形式美感，新技术设备科学的应用能围绕大的低碳原则去完成，即：①低耗能，②低污染，③低排放的实践目的，思考利用 Nars 技术处理水质达到景观用水和太阳能取电的采用，创造一个符合现代化校园质量的低碳景观空间。

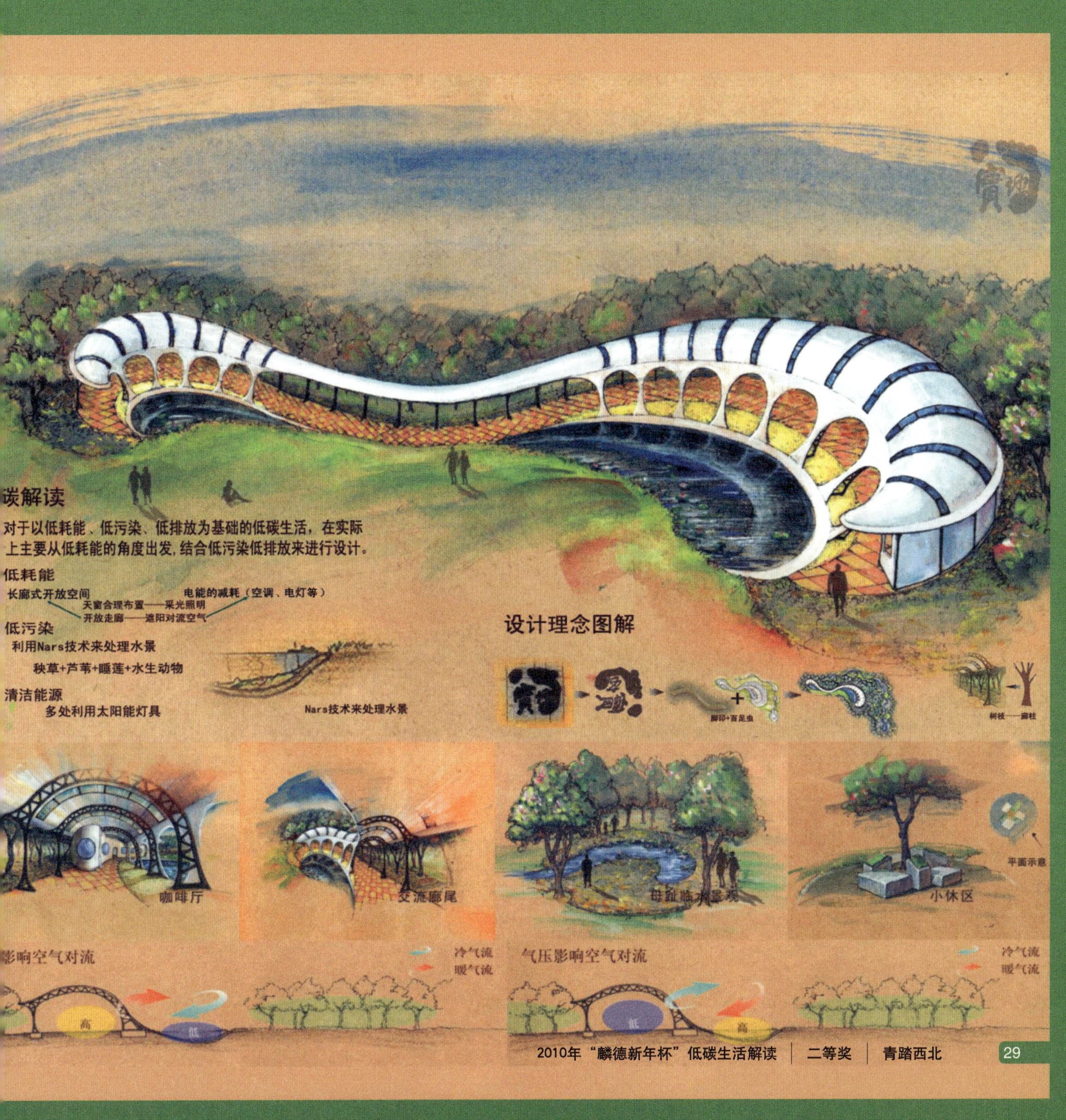

碳解读
对于以低耗能、低污染、低排放为基础的低碳生活，在实际上主要从低耗能的角度出发，结合低污染低排放来进行设计。
低耗能
长廊式开放空间
电能的减耗（空调、电灯等）
天窗合理布置——采光照明
开放走廊——遮阳对流空气
低污染
利用Nars技术来处理水景
秧草+芦苇+睡莲+水生动物
清洁能源
多处利用太阳能灯具
Nars技术来处理水景
设计理念图解
脚印+百足虫
树枝——廊柱
咖啡厅
交流廊尾
母趾临水景观
小休区
平面示意
影响空气对流
冷气流
暖气流
高
低
气压影响空气对流
冷气流
暖气流
低
高

一本书的N种状态 二等奖

深圳大学艺术设计学院环境艺术设计系研究生 汪杉

设计说明：

一本书，可以生成多少种状态？整齐的、凌乱的、跌切的、折叠的……从一本、两本到多本的叠加，看似简单的一本方块式的书给我们很多形态的启示，具有无数可能。本设计就是以一本书为原型，通过不同方式的组合与布置，使一个单一的形态演变出多重的变化，形成丰富的空间层次与视觉效果。

本方案中多次用到的玻璃与百叶的配合，实则是采光通风的安排，利于人们的学习，使室外生活成为时尚。多方位的立体绿化可尽量保留原树木，相信大家都愿意在这样一个天然氧吧里学习！

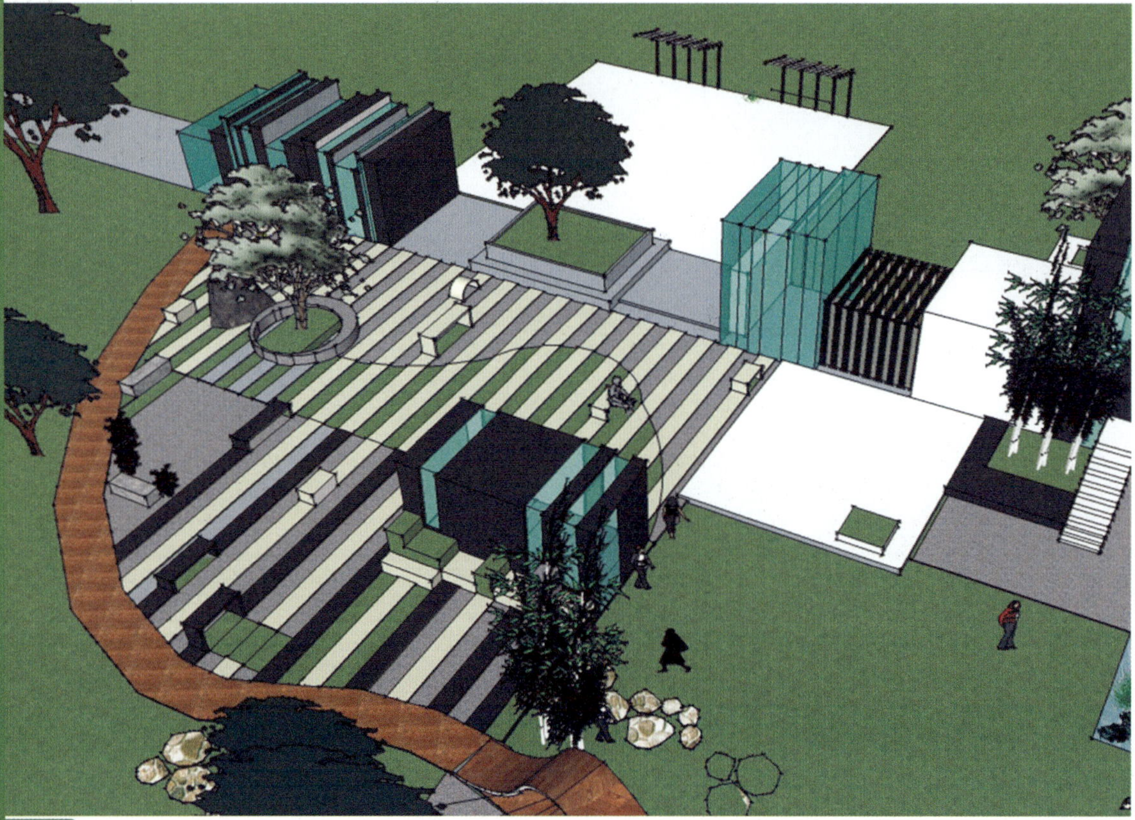

本方案以一本书为原型，探讨一个单一形态的多重可能与表现力，以艺术为主题，突出校园的浓郁书香与学习氛围，倡导户外休闲的低碳生活空间。

本方案中多处防紫外线玻璃长廊的应用可以为学生们提供舒服的户外学习及休闲空间，百叶、半开放式户外灰空间的应用使得通风与采光一样良好，沐浴着荔枝林里的清风，感受着太阳带来的能量，低碳生活就这样简单！

两本迭起的书本上，被风吹起书的一角卷起的书页，又成为滑板爱好者的天堂。简单严肃的四方块也可以形成多种现代表情，就像深大学子们充满无数可能的未来。

即使是单一的书本，一个个方块的简单重复与阵列，也可以形成动感十足的空间。整齐摆放的书本，又充满了韵律与节奏感，高高低低的形态，随意中又产生层次丰富的视觉效果。靠着大树好乘凉，倚着书本更让人想投入学习。

一本书的 N 种状态，更是无数种可能……

作品点评： **点评专家：李平**

以“书”为设计符号，赋予校园景观鲜明的人文色彩与形态主题。书的多种表现自然生成了设计形式的深化逻辑，呈现了单一形态不断展开的可能性与表现力，探索了设计语言的内在规律与丰富结构。石材、玻璃、金属等多样材料的综合使用营造出绿色生态的学习环境，开放与半开放等异质空间的互动对话表现出校园文化与户外学习的特殊氛围。

大地之衣 二等奖

深圳大学艺术设计学院环境艺术设计系研究生

许洁

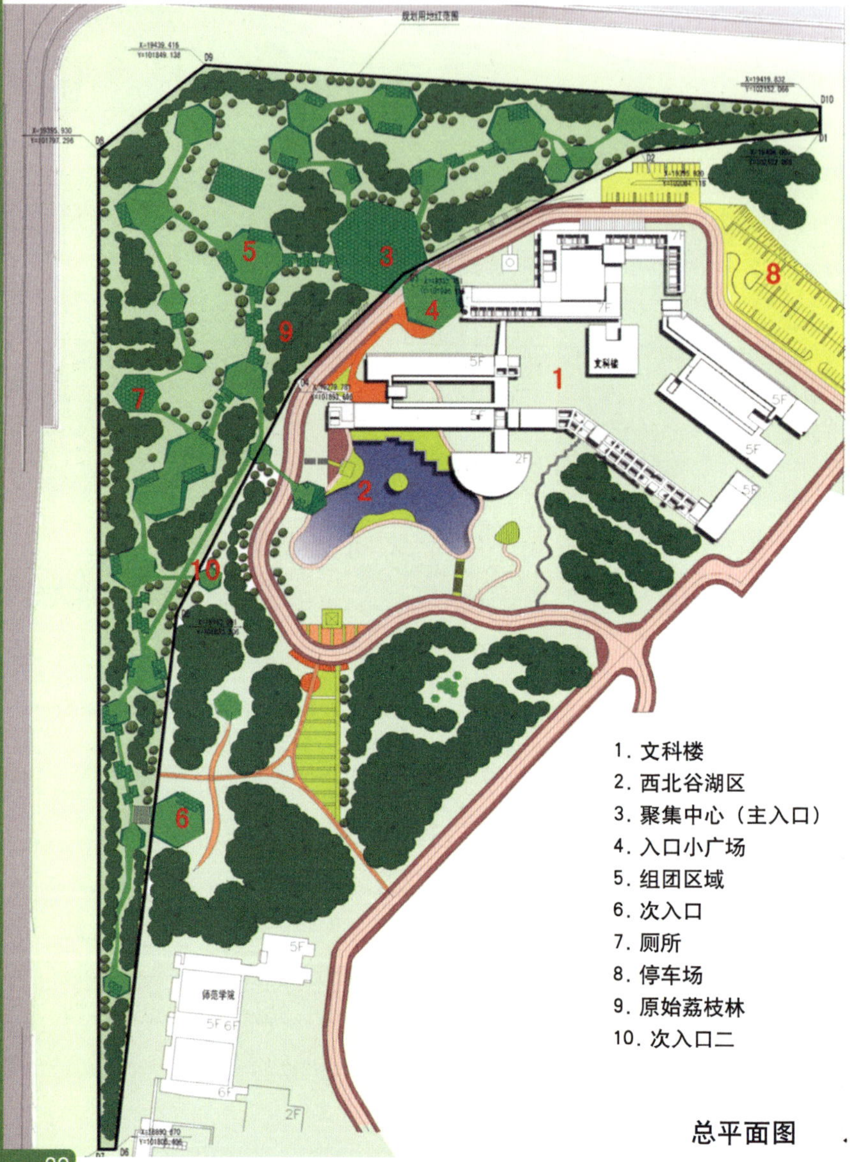

设计说明：

来源于土蜂筑巢，巢穴聚集联合形成一个个连贯的部落格形式。深大西北谷场地原有大面积的原始荔枝林，在保留原有景观生态的同时，将聚落平台嵌入树林中，成为森林循环系统中的一部分。部落格形式相互联系，学生可以于课后在荔枝林中安静地阅读，或者进行班集体活动。在荔枝树的天然庇护下，体验阴凉、透风的环境感受。整个聚落形式如同绿色藤蔓一般蔓延，生机勃勃。

建造元素与建材形状一致，选用环保的嵌草砖，作为传统的造景维护材料，嵌草砖有着节能、透气、轻便、利于植物生长的特性。将嵌草砖进行形状的多种变化，且可以根据需要组合。地面嵌草砖铺装不妨碍原有的植被生长，并且对原生态进行防护。而且装置有着透风、遮阴的效果，颜色与环境相融合，仿佛给荔枝林穿着一件迷彩服。在搭建的休息亭区域顶部用茶色钢化玻璃嵌入作为顶棚，挡雨又透光。夜间照明选节能灯具，在每个部落格周围安装，并在环绕西北谷地带形成景观灯光带，与荔枝林树影斑驳相映成趣。选材嵌草砖有着可循环性，保护原生环境的特点符合低碳、绿色的设计概念。

1. 文科楼
2. 西北谷湖区
3. 聚集中心（主入口）
4. 入口小广场
5. 组团区域
6. 次入口
7. 厕所
8. 停车场
9. 原始荔枝林
10. 次入口二

总平面图

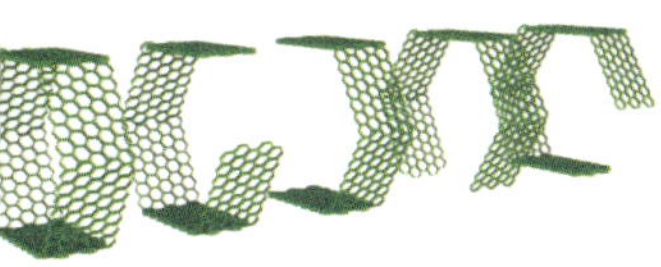

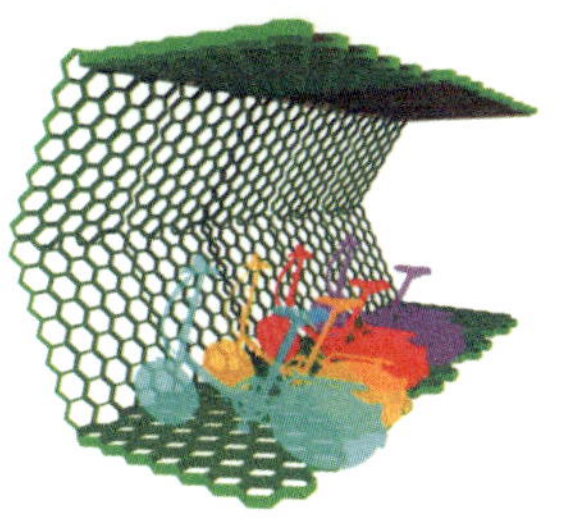

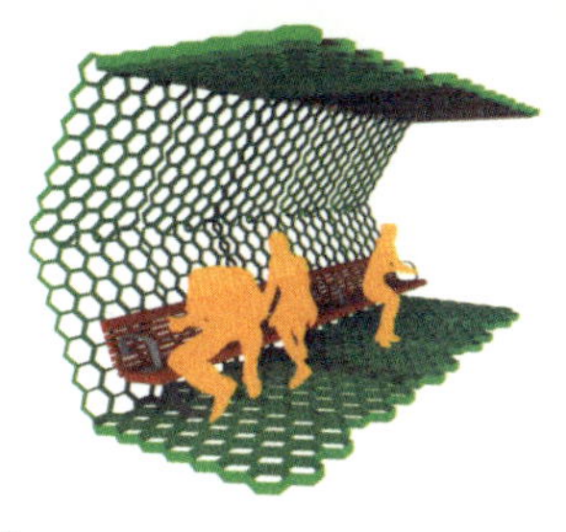

低碳理念

1. 选材低碳：嵌草路面属于透水透气性铺地之一种。在铺设嵌草砖的时候，不仅可以使雨水和养分被土壤吸收，而且不影响荔枝林的生物循环，所有叶片果实还可以降解。如地衣苔藓一般保护大地。

2. 便于转移、拆卸，以及回收利用：用嵌草砖来搭建景观设施，在不同季节可以有不同功能的造型，而且在树林与网格的双重遮阳作用下，在树下乘凉会感受到非常凉爽和通风。

3. 装置的多种应用途径：包括可回收排水沟、护林苗设施等。还可以用作塑料瓶回收装置。并进而将瓶子与装置结合组成全封闭的生态厕所。通过不同形式与不同程度的应用，充分考虑光照、通风、建材、可循环性和生态保护性，达到低碳节能的校园景观环境，为学生学习活动提供了天然空间。

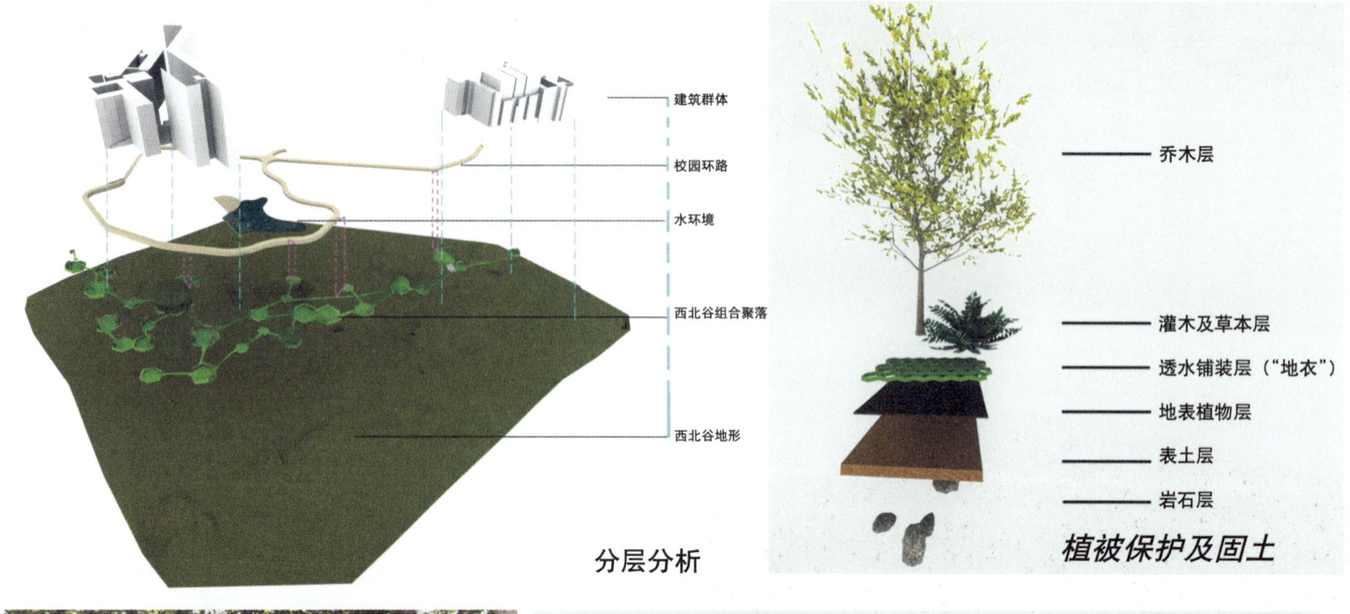

分层分析

植被保护及固土

校园景观排水系统

景观畅想三：回收矿泉水瓶搭建封闭环境（例如：环保厕所）

模式一：适用于新苗保护　　模式二：适用于老树保护　　模式三：适用于常态保护

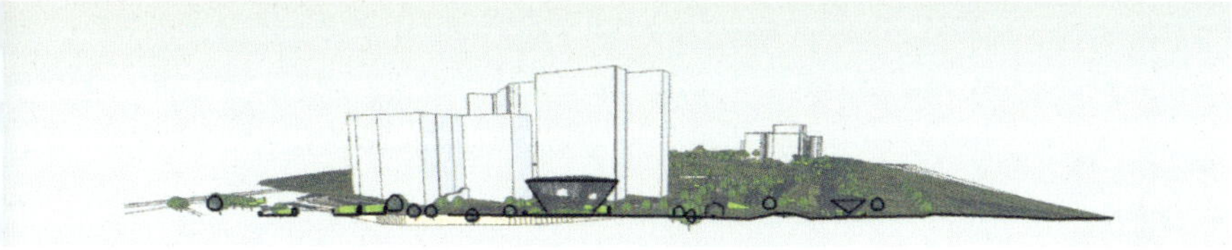

剖面图一

剖面图二

北立面

南立面

西南立面

作品点评： **点评专家：朱晶莹**

该方案设计理念比较新颖独特，想法大胆，敢于创新，六边形蜂窝状的造型经过不同数量和形态的组合，形成了具有不同功能的构架、小品、铺地等设施，在兼具功能的同时，还具有一定的形式美感。

三等奖作品

Works of the Third Prize

01 02 03 04 05

01保护、更新、再利用 02西北角景观设计方案 03细胞中的低碳智慧 04西北角改造方案 05景观重生

保护、更新、再利用 三等奖

深圳大学艺术设计学院环境艺术设计系研究生

何剑岚

设计说明：

本方案紧扣大赛主题，以深圳大学校园西北角（荔枝园）为选址用地，建立开放的户外学习空间，营造一个低碳的景观学习区。荔枝的基本色调红与绿，通过飘舞的丝带结合起来，飘带的延伸与旋转变换出不同的造型。“心”与飞扬的红丝带形象相互映衬、水乳交融，线条魅力四射、激情奔放，饱含着昂扬向上的气势，象征着生机和活力，体现了当代大学生诚实守信、团结互助、爱心奉献、文明和谐的时代风貌。

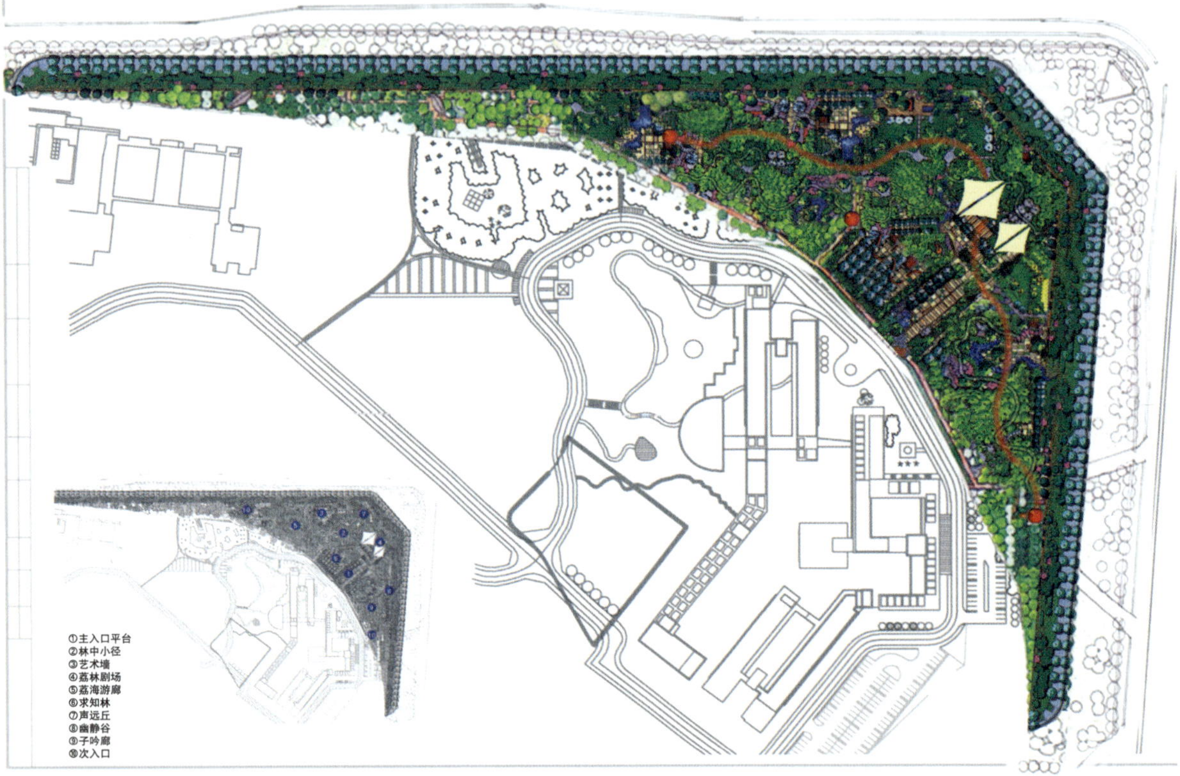

①主入口平台
②林中小径
③艺术墙
④荔林剧场
⑤荔海游廊
⑥求知林
⑦声远丘
⑧幽静谷
⑨子吟廊
⑩次入口

作品点评： 点评专家：李平

飘舞的红丝带游走在充满生机的绿色海洋，如点睛之笔提炼出“保护、更新、再利用”的景观神采与设计神韵。生态设计需灵动与弹性，景观环境需交往与互动，本案设计形象地表达了生态设计的思维与理念，充分考虑了可持续设计的功能适应性与形态延伸性，以自然丰富的地形塑造、动静有序的多层景观建构出天人和谐的软质与柔性的校园环境。设计表达亦如设计思维一般灵动、生动，表现出对生态设计的深切感受。

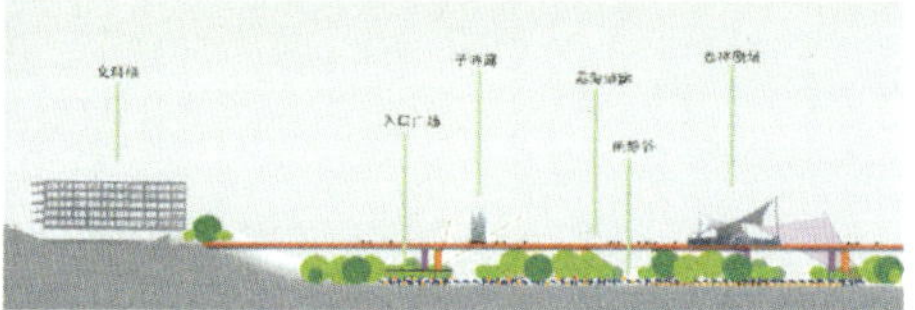

总立面图

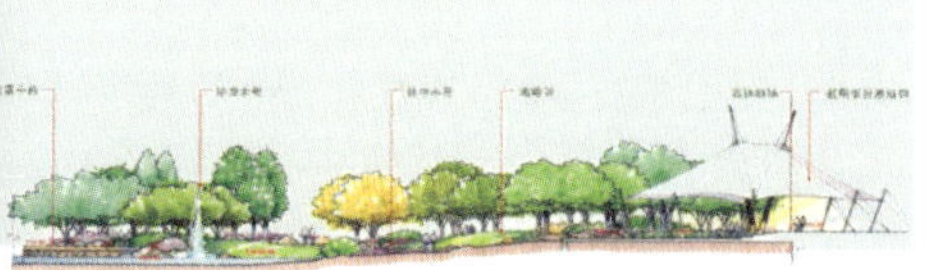

剖面图

西北角景观设计方案 三等奖

深圳大学艺术设计学院环境艺术设计系

李祥峰／岑锦辉

设计说明：

方案设计在尊重场地的前提下，以最小的改动为我们提供一个舒适，典雅，庄重，朴实自然的校园环境。通过景观化的处理在满足感官愉悦的同时，可以为校内师生提供娱乐、交流、学习、休闲的场所。充分利用场地的优越性，众多的林荫，使场地自然的形成天然的大氧吧，通过景观处理，把享受教室空调的师生引入这片舒适的林区，进行活动、交流、学习。尽情地去享受这个林区。减少教室空调的利用，减少二氧化碳的排放，从而达到我们低碳生活的目标。

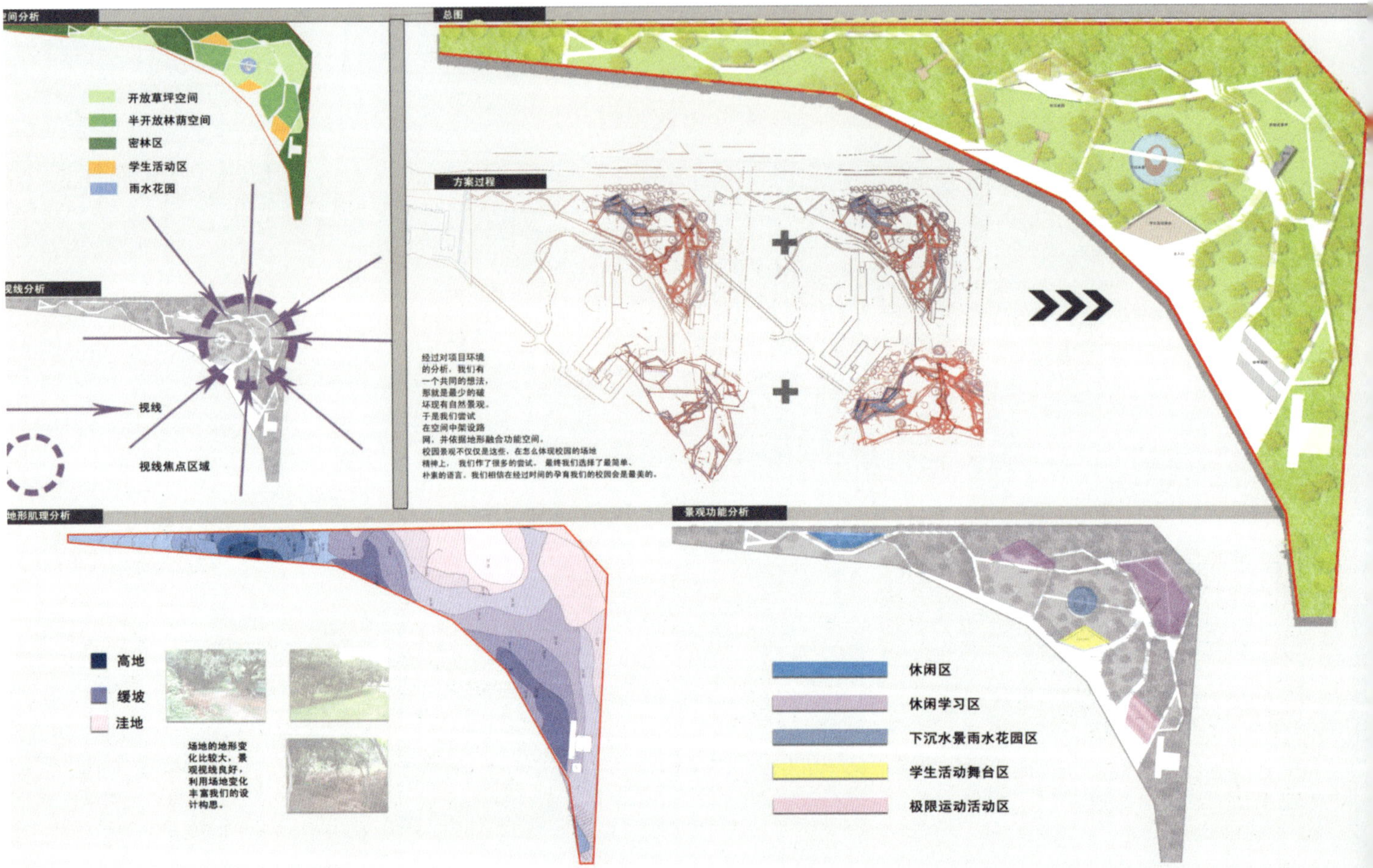

空间分析

开放草坪空间
半开放林荫空间
密林区
学生活动区
雨水花园

视线分析

视线
视线焦点区域

总图

方案过程

经过对项目环境的分析，我们有一个共同的想法，那就是最少的破坏现有自然景观。于是我们尝试在空间中架设路网，并依据地形融合功能空间。校园景观不仅仅是这些，在怎么体现校园的场地精神上，我们作了很多的尝试。最终我们选择了最简单、朴素的语言。我们相信在经过时间的孕育我们的校园会是最美的。

地形肌理分析

高地
缓坡
洼地

场地的地形变化比较大，景观视线良好，利用场地变化丰富我们的设计构思。

景观功能分析

休闲区
休闲学习区
下沉水景雨水花园区
学生活动舞台区
极限运动活动区

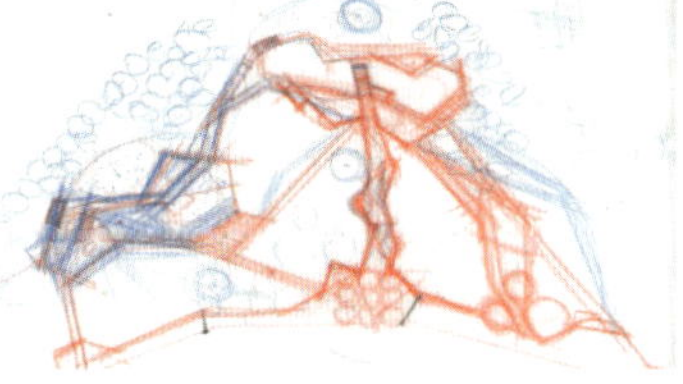

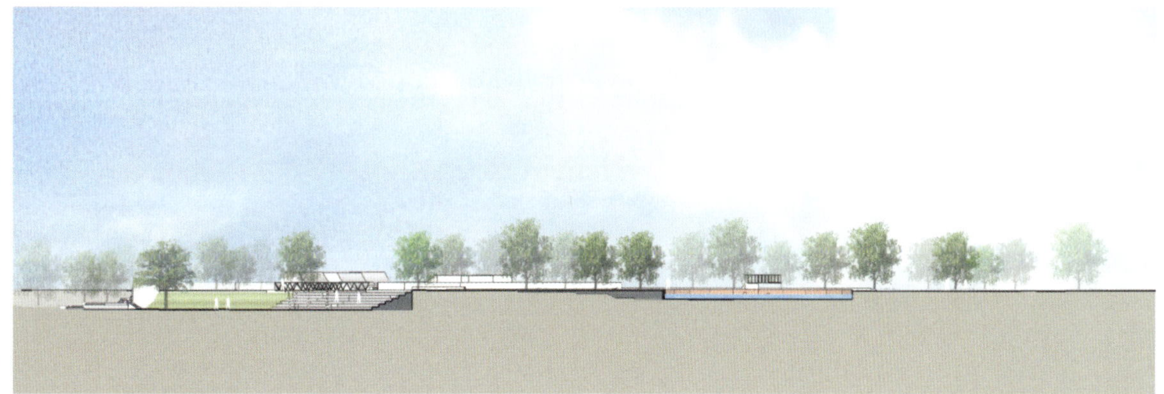

作品点评： 　　**点评专家：侯佳彤**

该方案设计在尊重原有场地的前提下，在空间中架设路网，并依据地形融合功能空间，以最小的改动为人们提供一个舒适、典雅、朴素、自然的校园环境。充分利用场地的优越性，利用众多的林荫，使场地自然形成天然氧吧。在林中开放空间处做了一个下沉空间，对雨水进行处理，通过收集雨水、净化水质、循环利用达到低碳环保的目的。通过景观化的处理在满足感官愉悦的同时，可以为校内师生提供娱乐、交流、学习、休闲的场所。

细胞中的低碳智慧 三等奖

深圳大学艺术设计学院环境艺术设计系研究生

全西波

规划总平面图

设计说明：

本设计以“细胞中的低碳智慧”为理念，选取细胞的内部结构为景观骨架，从微观的细胞中构建出景观实体，意在将“低碳”理念植入“景观细胞”的细节中；以书本为基本形，并以各种形式重复、叠加、组合、排列、变换，置入“细胞”中，彰显出“低碳的智慧”。

“低碳”不仅要在景观形态上体现出绿色生态，更重要的是在功能上真正做到“低碳”，“低碳”意味着低能耗、低排放、低污染。

根据深圳的气候，设计的最关键因素一是通风，二是遮阳，三是建筑立面绿色和屋顶绿化。这三项非常简单的技术应用可大大降低空调的使用，不仅所耗能源大为减少，而且也会带来健康效应，让人身心愉悦。本设计中充分考虑学习区建筑的通透性，通风、透光、挡雨，实现真正的校园低碳示范区。

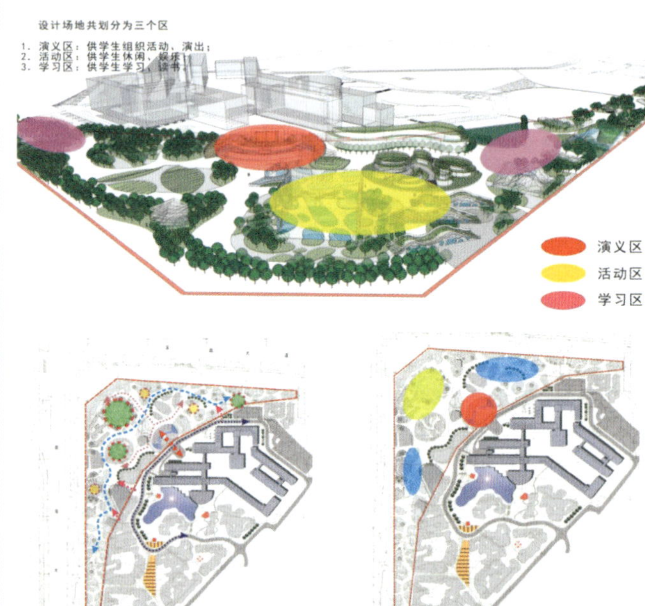

设计目标

打造一个多层次的学习和休闲校园空间，建立鲜明的校园形象；通过设计创意达到低碳环保的目的；营造具有现代文化情结的景观体验。

空间分析

演义区：供学生组织活动、演出。
活动区：供学生休闲、娱乐。
学习区：供学生户外学习、读书。

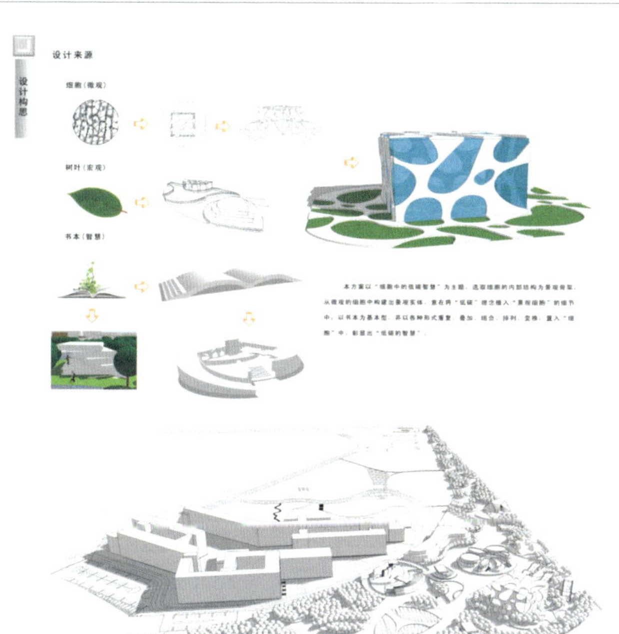

低碳是一种绿色生态的生活方式，低碳是一个全球可持续发展的必然趋势，低碳更是一种责任！让低碳融入校园生活的细节，使低碳不再只是口号！

作品点评： 点评专家：姜前勇

本案设计新颖、大胆，主题突出。空间个性有活力，充分体现年轻朝气的大学氛围。方案以圆形弧线为母题，使景观有现代感。

西北角改造方案 三等奖

深圳大学艺术设计学院环境艺术设计系

张一帆／马丹霓

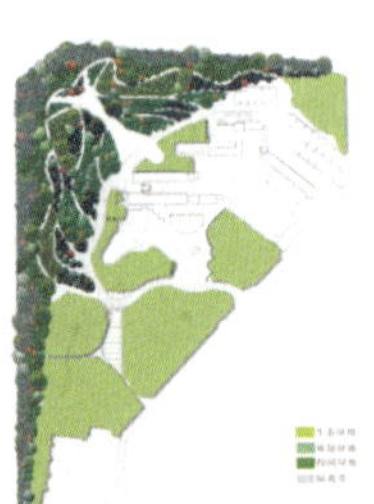

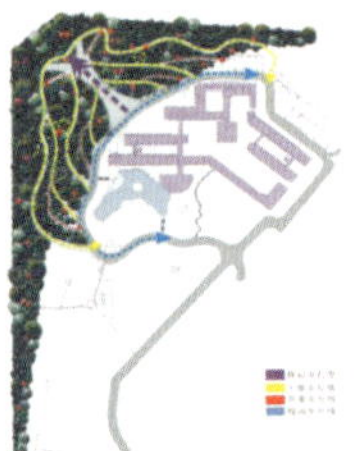

设计说明：

从环境上，深圳大学西北角改造，以低碳为设计目的：据调查，全球气候变暖，中国的林地覆盖率低于20%。解决低碳的途径就是在不破坏原生态的基础上，做架高的道路系统设计，以仿生的设计形态，表达漫游行为方式；把八爪鱼漫游大海的形态捕捉到广阔的林海。从行为方式上把整个漫游体验规划为三个阶段：①漫游林海；②林道漫游；③漫游空中书社。基本上解决了大学中缺少幽静的漫跑空间，缺少让学生安静思考的生活空间，缺少让学生聚集交流的学习活动空间这三大问题。

设计理念：

仿生的设计形态为林地注入了林海漫游的行为思想，深圳大学西北角改造，规划了全新的设计理念：①漫游的方式在于“动”；②漫游的行为方式在于“静”。林海漫游是在高架道路上的一种行为方式，是深大学子运动栖息的归属地。林道漫游和空中书社，是深大学子安逸休闲、幽静读书生活的环境。静中有动，动中有静。庄子的思想善于解脱，善于寻求归属感，那么体验林海动静漫游便是深大学子的归属感。

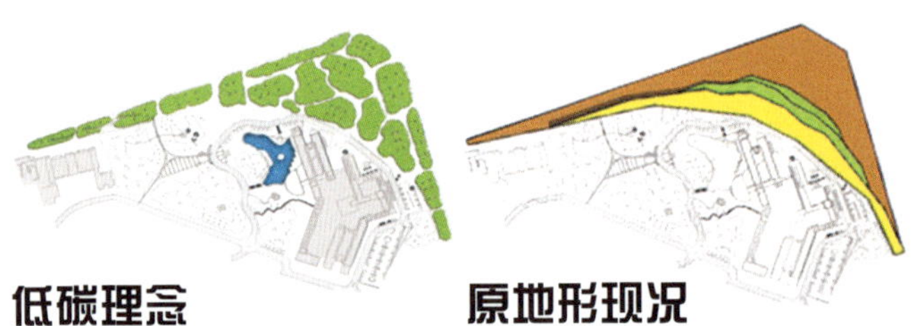

低碳理念　　原地形现况

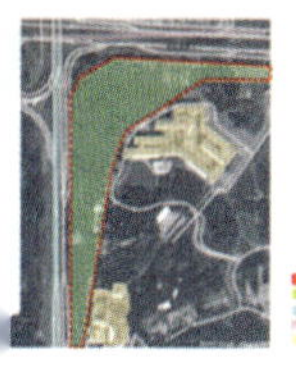

海洋中章鱼的张扬形态，引发了我们对设计的思考，开始萌发了仿生的流畅道路系统的想法，寻找更适合林地的通畅道路。流畅而又光滑的章鱼触角，成了我们设计元素的来源，设计流畅自由伸缩的曲线，把校园与林地紧密地结合起来。

而后再寻找设计理念时，我们又提出了新的概念，便是漫游。在反复寻找海洋中漫游的章鱼的游动姿态时，我们探索到了漫游的领域。海洋便是代表着广阔的空间，那么茂密的荔枝林形成的林海也是代表着广阔的空间，二者等量代换，即：章鱼在海洋中漫游，人在林海中漫游。

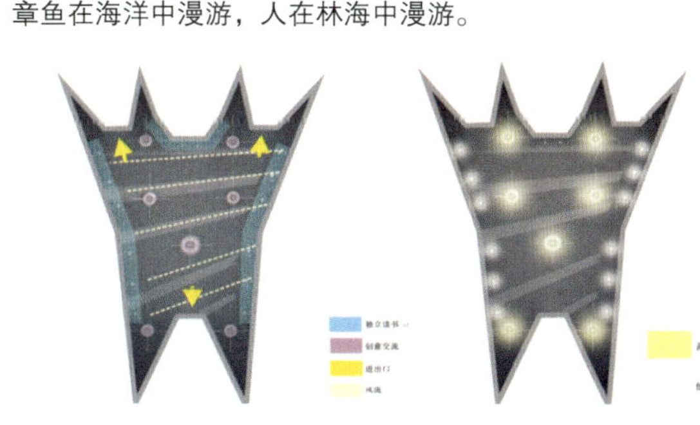

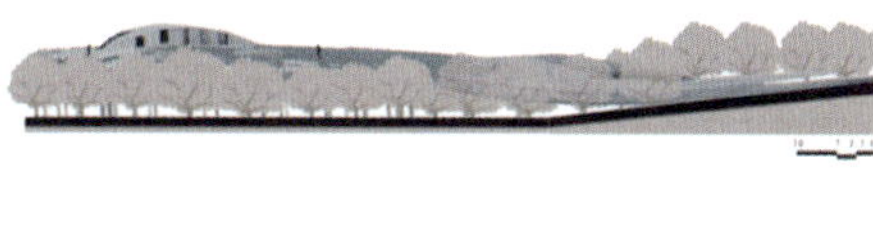

鸟瞰图

Bird's Eye View

作品点评： **点评专家：朱晶莹**

该方案考虑了较多人在这个空间里的视觉感受，并且最大可能地保留了原有植被，同时也考虑了竖向空间上的不同层次，但不足之处是建设造价太高，缺乏可行性。

景观重生 三等奖

深圳大学艺术设计学院环境艺术设计系

关芬猛

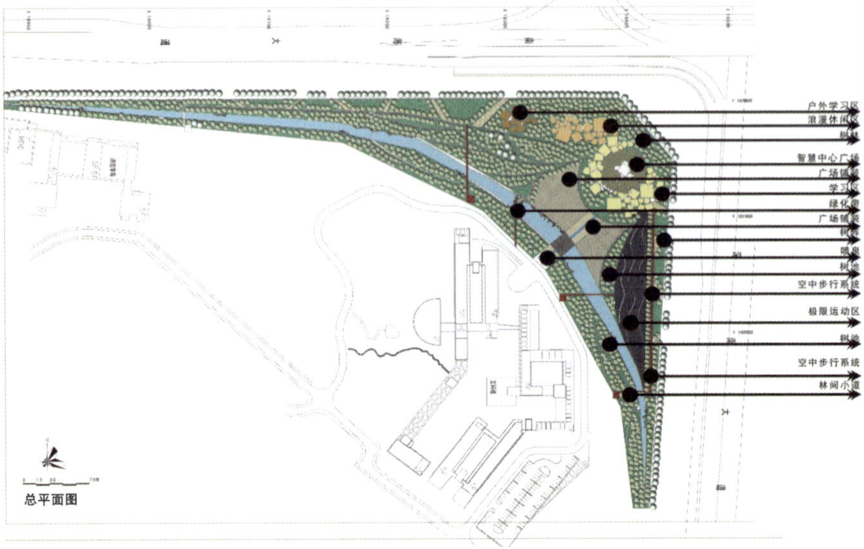

总平面图

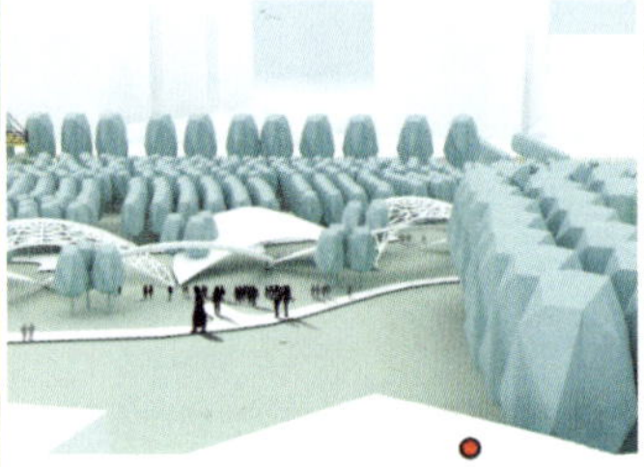

基地分析

设计范围

该项目位于深圳大学西北角，占地面积约4.5万平方米，场所对外的意义为城市稀有的绿地空间，对内刚表现为完善大学校园氛围，营造拓展空间

基地现状图片

设计目标

营造“人文校园景观、低碳学习区域、课外活动区域”的优美课外景观。

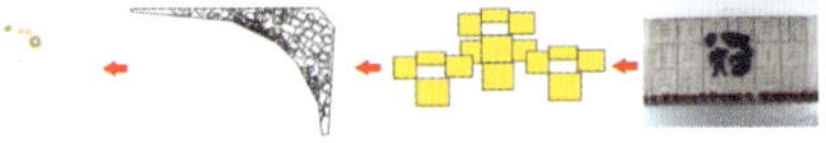

概念分析

概念来源

概念主要来源于深圳大学的校牌的“自强不息、脚踏实地的方体”，最简单的语言却表达了不一样的内容，体现了深圳大学的文化与传承性，最终的目的是，使用最贴近深大的特征，并使用大自然为本，得出了本案的设计主题：“生态环境、人文的空间、低碳的校园景观、室外的学习环境”。

景观重生

空中步行系统效果图

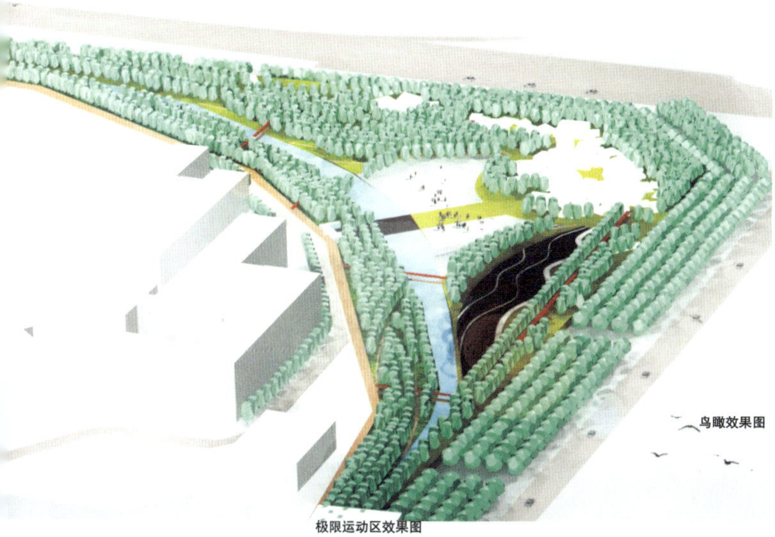

鸟瞰效果图

极限运动区效果图

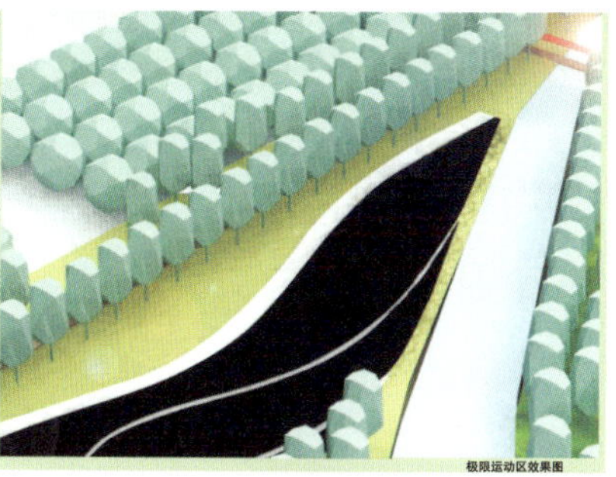

极限运动区效果图

极限运动区效果图

极限运动区效果图

项目定位

保留：荔枝园里面所有的荔枝树，将里面的荔枝树进行统一的分割与安排，创造新的景观，资源丰富，层次多变。

利用：西北谷原有的生态环境，地形，丰富的下沉空间，创造富有文化气息的创世纪景观墙。

再生：以深圳大学自强不息，脚踏实地的方块为主要的设计元素，用新的设计语言传达场所的精神，满足低碳的校园景观设计。

具有深圳大学的文化和岭南地域特征

地域性：以低碳户外学习区为主题，尊重深圳大学地域文化，采用深圳大学自强不息，脚踏实地的方块为主要元素。

功能性：具有休闲、景观、集会、学习、文化交流功能的综合性大学低碳校园景观。

时代性：在设计语言和表现方式上与深圳大学现代的建筑相协调，体现时代性。

生态性：运用乡土种植，采用户外的学习环境，让能源能够与环境相协调。

设计构思

摆脱传统校园景观设计观念的套路和封闭模式，依托深圳大学原有的林场高郁闭度的林地，建设生态保护核心区；学生户外学习区域、聚会场所，强化其景观特色；创建具有生态魅力、公共和社会学魅力、艺术魅力、人性魅力、低碳生活的校园景观设计，使之成为深圳大学新的低碳生态生活、户外学习生活、摆脱能源的污染，从而提升深圳大学的文化气息及本区域吸引力。

低碳区域

我们在场地设计中留有余地并不完善设定人在这里活动的内容，而是提供一个空间让他们自主组织活动，因而随着场地植物的设计与基本设施不断完善，在户外活动中的行为摆脱了原有在室内的学习、生活环境，体现了低碳的生活形式与学习环境，而且在整个场地中不同年龄层的人各在不同时间所产生的活动都给这个低碳学习、生活区带来了活力。

概念分析图

低碳区域概念图

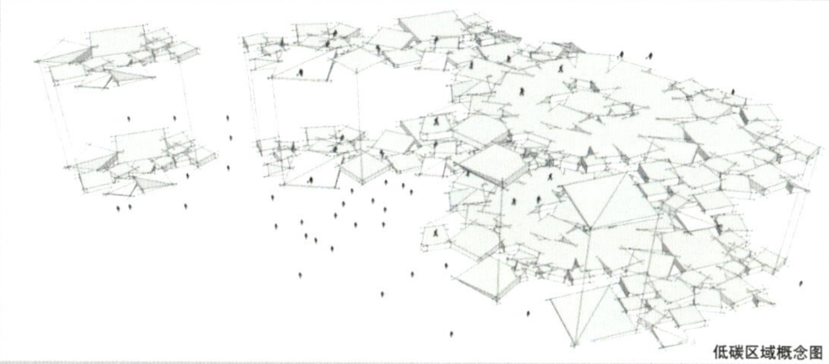

低碳区域概念图

低碳户外学习区效果图

低碳户外学习区效果图

草坪分析

树林草坪
软质铺装

道路分析

主要入口
次要入口
林间小道

功能分析

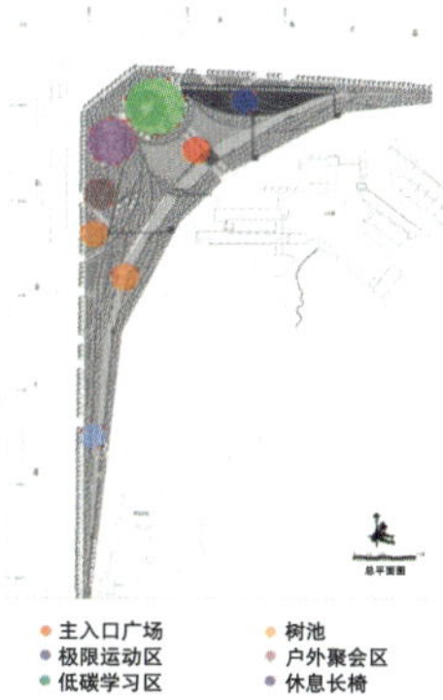

主入口广场
极限运动区
低碳学习区
树池
户外聚会区
休息长椅

景观节点分析

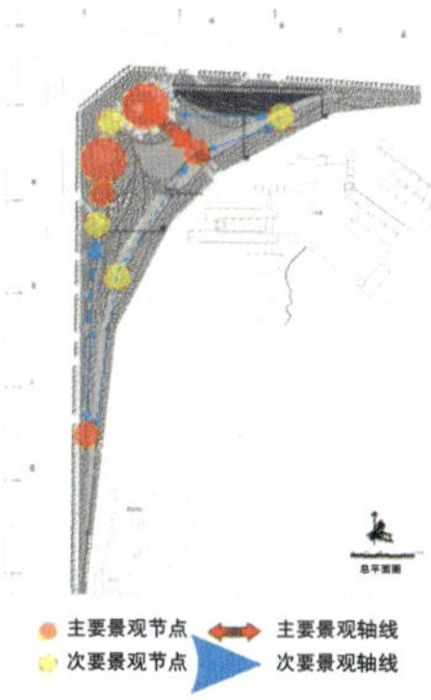

主要景观节点
次要景观节点
主要景观轴线
次要景观轴线

作品点评： 点评专家：蔡强

此设计结合了景观的再生，一个具有学术性研究的课题，结合上校园的景观背景，校园就是一个再生知识、再生文化的地方。在这里每天都会有新的东西出现，学生也是具备很强再生能力的群体。此学生很好地抓住了这个主题来展开设计。

2010年「麟德新年杯」首届景观设计大赛

04

优秀奖作品

Works of the Third Prize

01构建生态岛　02生态・和谐・亲近　03西北角读书广场　04“挖”出来的景观　05阶梯
06荔根　07低碳生活的解读　08软质景观　09康定斯基狂想曲　10低碳・生态・环保

构建生态岛 优秀奖

深圳大学艺术设计学院环境艺术设计系

陈春媚

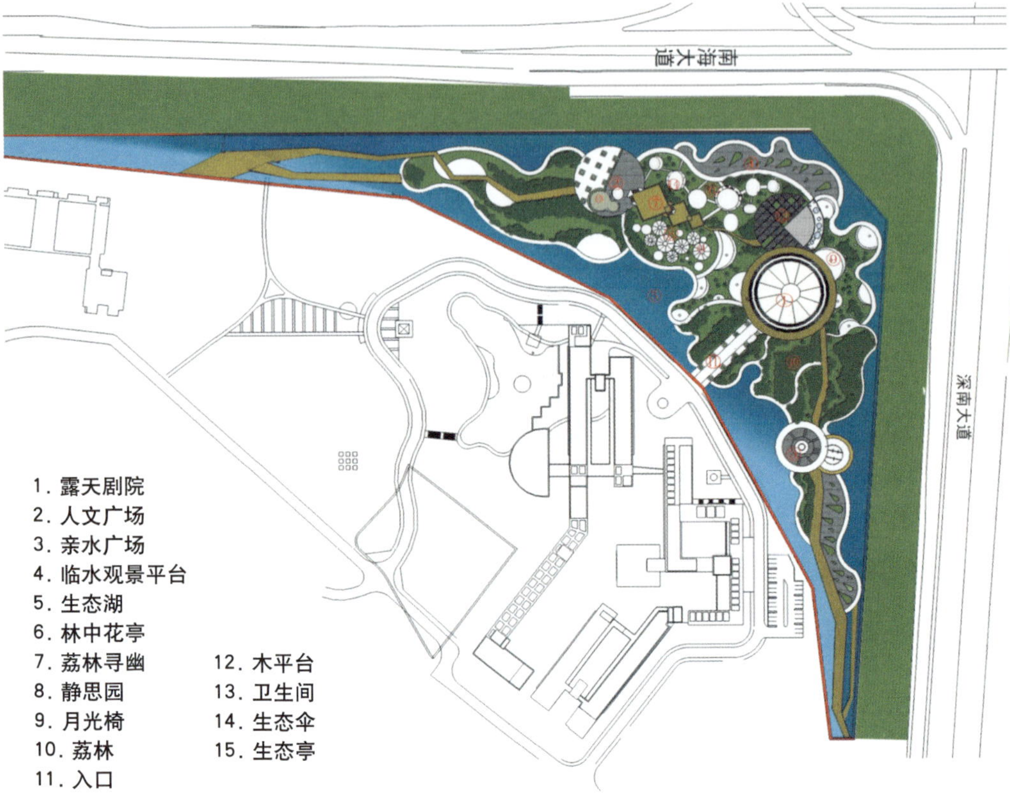

南海大道

深南大道

1. 露天剧院
2. 人文广场
3. 亲水广场
4. 临水观景平台
5. 生态湖
6. 林中花亭
7. 荔林寻幽
8. 静思园
9. 月光椅
10. 荔林
11. 入口
12. 木平台
13. 卫生间
14. 生态伞
15. 生态亭

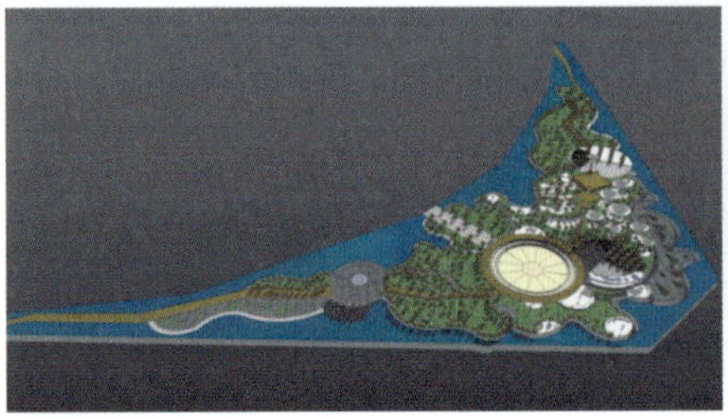

设计说明：

深圳大学西北角位于深圳市南山区深大北路附近，南海大道东侧，北临深南大道。本方案设计范围为 4.5 万平方米。本方案是以植物为元素，把深圳大学西北角校区构建成一个生态岛。让植物成为我们课外教室的朋友，无论我们学习、活动、交流都与植物共存。让植物美化我们的心灵，让我们用心爱护植物。共同构建属于我们学生的生态岛。在这岛上我们享受最自然的风光，呼吸最自然的气息，培育最真诚的心灵，培养最真挚的感情，创造最优秀的成绩。

设计原则：

1. 以人为本，人性化设计（户外活动场所是家的延伸，各种场所、活动设施等切实满足学生的需要）。
2. 文化内涵，创造学生的精神食粮（让学生拥有生态的课外教室）。

生态·和谐·亲近 优秀奖

深圳大学艺术设计学院环境艺术设计系

王敏敏

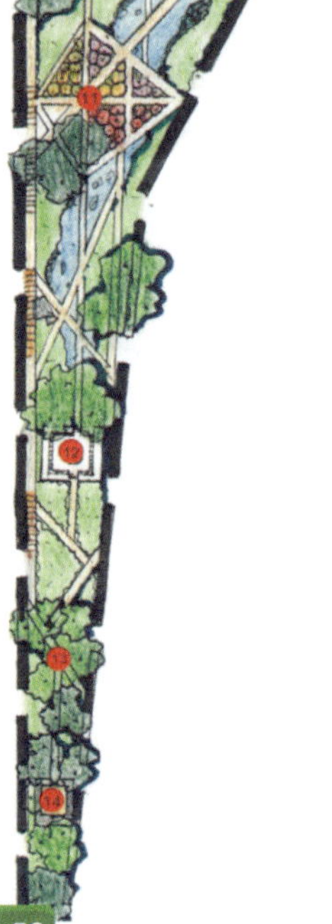

设计说明：

本次设计以“城市无边界，和谐共生”为主要的设计理念。通过材料、形态、虚实、色彩、聚散、软硬设施等对比的手法凸显本次设计的特点。

城市无边界的理念设计是为了人与自然更好的和谐并存，加强了人与人之间的密切关系，减少资源的浪费，增加资源的利用率。城市无边界的设计理念主要体现在观景桥的对外开放，和用树木来替代高墙对校园的围合，是城市发展的产物。

景观美观宜人，功能全面，设计满足学校对于学习需求的服务，各个分区各有特色、各有主题、各有不同的艺术表达形式，为这一有意思的环境提供了一个可以使我们感受自然景观的空间。设计上大量保存原有的树木，使得校园的景观更有绿意。可在园林景观中享受偶然发现的乐趣。

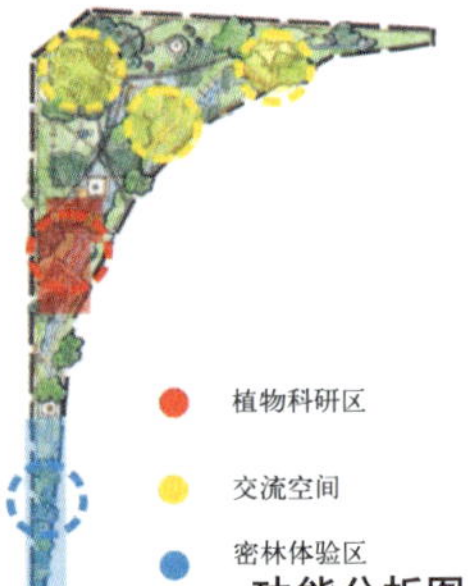

1. 中心水景
2. 中心广场
3. 生态广场
4. 交流空间
5. 绿荫广场
6. 石头廊
7. 休闲广场
8. 穿越之廊
9. 亲木苑
10. 植物廊
11. 植被苑
12. 交流空间
13. 绿林径
14. 密林苑
15. 竹林小径

功能分析图

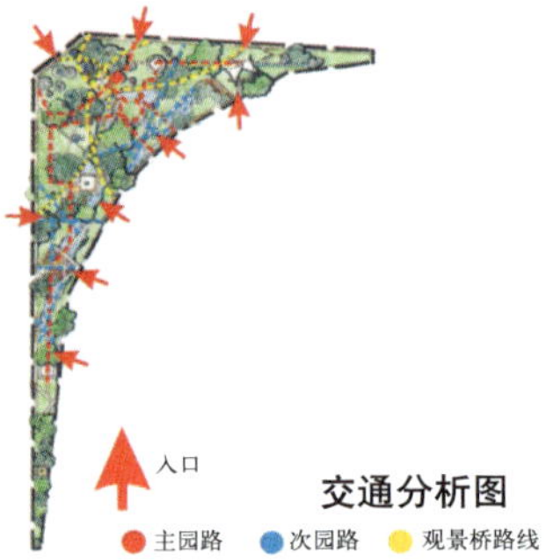

交通分析图

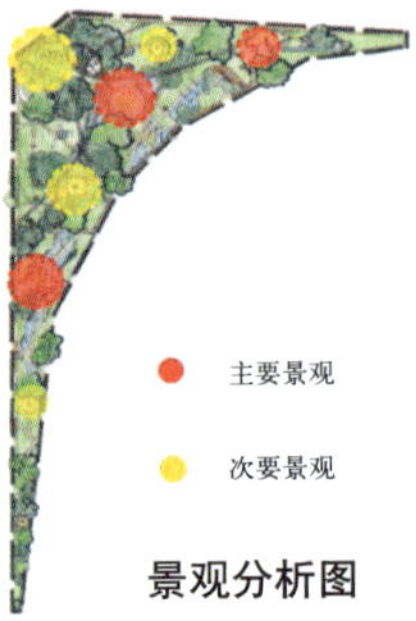

景观分析图

景观桥设计示意图

剖面图

西北角读书广场 优秀奖

深圳大学艺术设计学院环境艺术设计系

曾文亮

设计理念：

本设计为西北角开发一个全新的读书广场。因基地为原生态密林区，所以本设计以小面积开发为目的，尽可能地保持原有生态面貌。广场设计的电力设备由太阳能板供应电力，主要运用于夜晚照明。

设计说明：

随着深圳大学的学生日益增多，本设计为西北角校区设计一个新的读书广场，便于学生有更好的学习环境与学习空间，因设计的区域位于密林区位，不利于大面积开发，为更好地保护原生态景观，本设计采用悬空式硬地广场小面积开发，保证城市的二氧化碳的排放与氧气的再造，达到最小破坏的低碳设计目标。

其中景观广场的小面积太阳能板，可以为读书广场提供电力，满足广场夜晚的照明设施，提高景观广场夜间的使用度，达到自给自足的绿色设计要求。

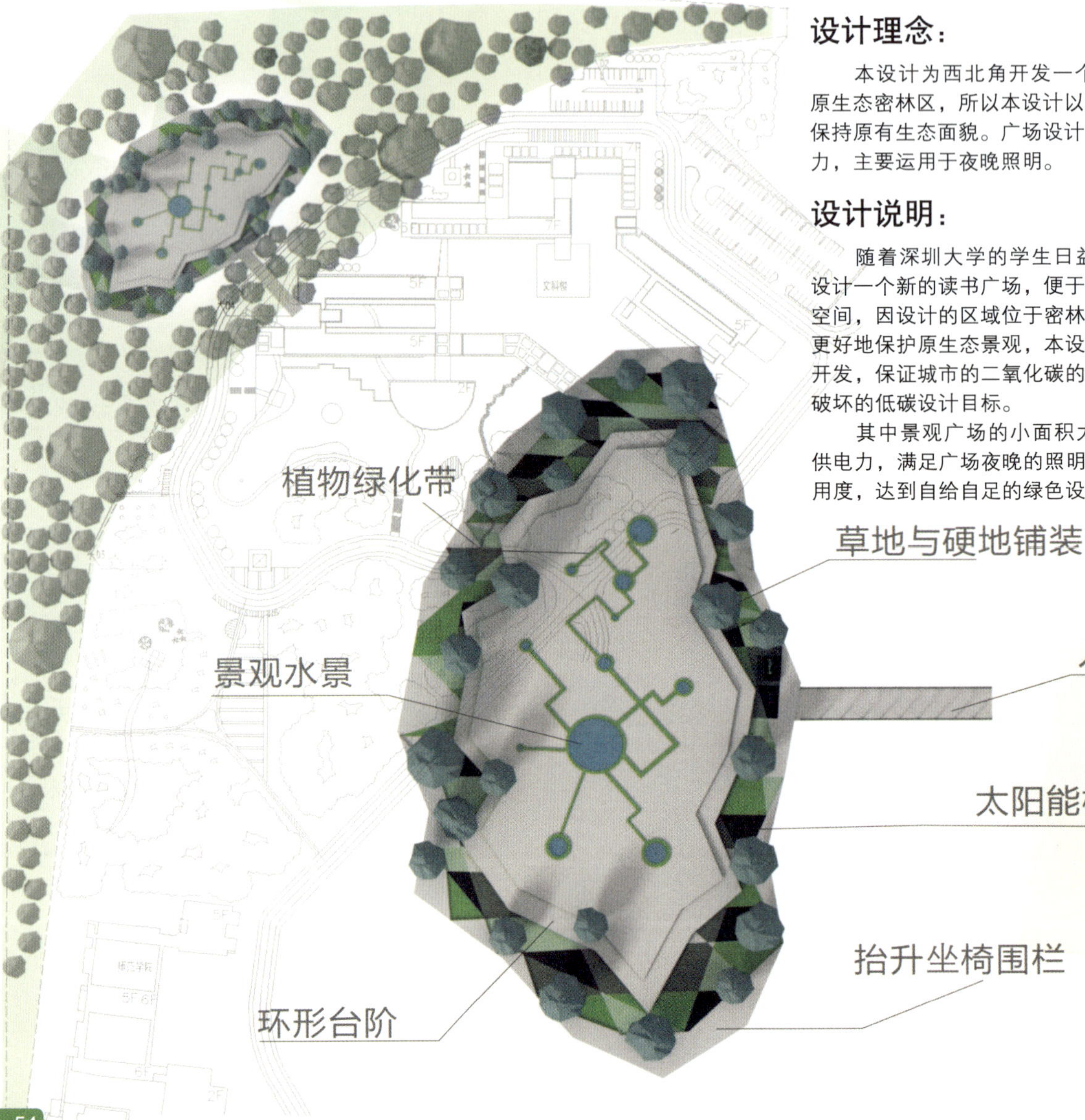

场景观夜晚效果图

灯光模式1 灯光模式2 灯光模式3

广场景观白天效果图

“挖”出来的景观 优秀奖

深圳大学艺术设计学院环境艺术设计系

钟吉和

方案分析

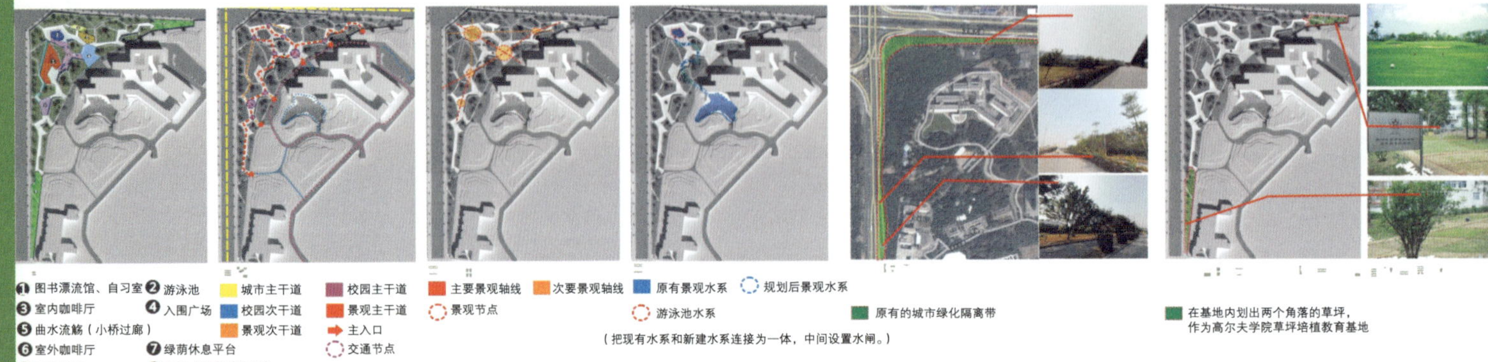

建筑单体设计

雨水

草坪

挡土栅格

雨水

蓄水池

墙体

成型建筑

草坪单体设计

乔灌类植物

草坪

泥土层

挡土栅格

雨水、泳池废水

蓄水池

成型草坪

设计说明：

本方案设计运用独特大胆的设计手法将该基地的景观立体化，带来强烈的视觉震撼。本着可持续发展的宗旨，利用现有的科学技术，如：屋顶花园设计技术（低碳建筑设计技术），利用现有的地形、植被创造出一个低碳景观设计方案。方案设计在基地内设置了图书漂流馆（含自习室）和咖啡厅两个建筑单体，方便学生回收和利用图书、休闲娱乐。增加了一个外游泳池和大片步行游玩场地。

肌理

鸟瞰图
曲水流觞
咖啡厅外部
入口效果图
立体草坪
鸟瞰图
阅览室内部
阅览室内部
鸟瞰图
阅览室内部

阶梯 优秀奖

深圳大学艺术设计学院环境艺术设计系

钟仕亮

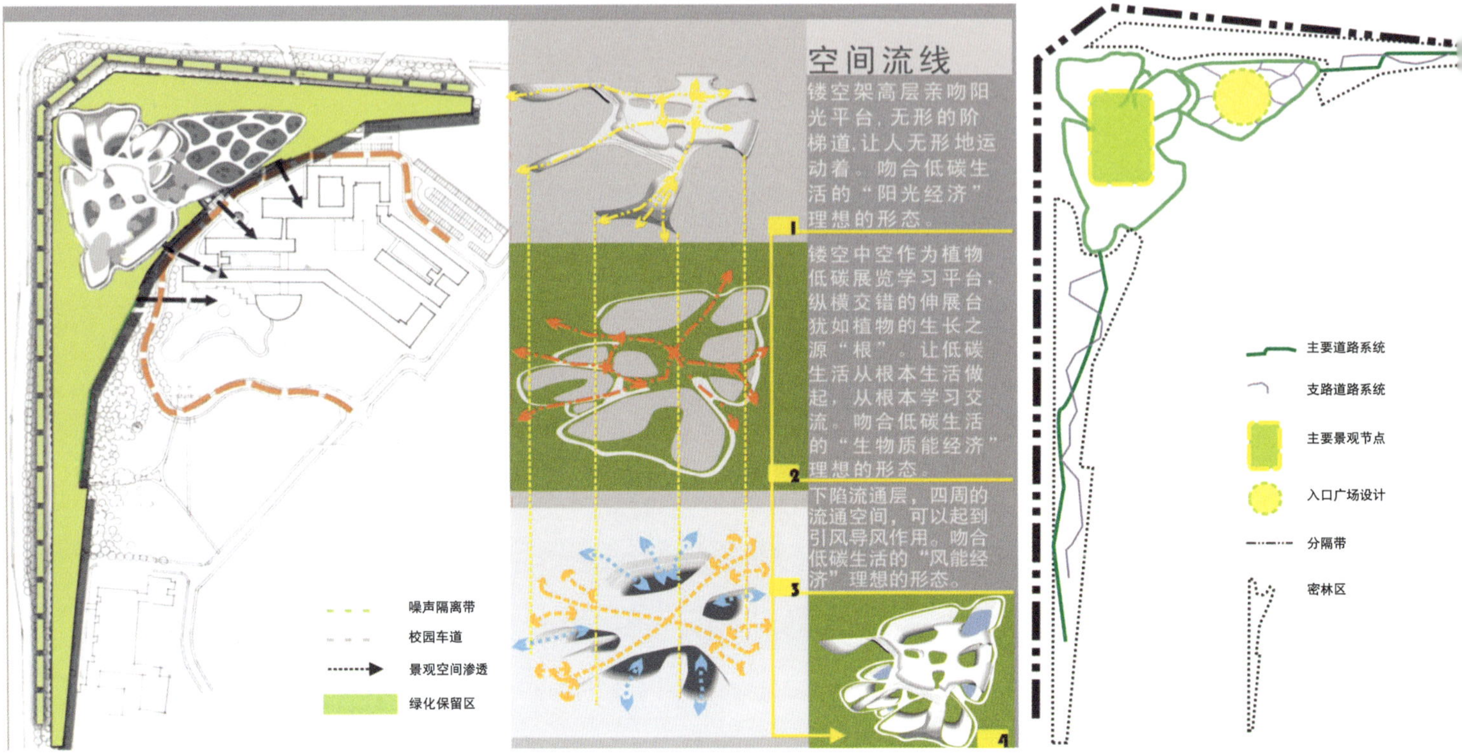

噪声隔离带

校园车道

景观空间渗透

绿化保留区

空间流线

镂空架高层亲吻阳光平台，无形的阶梯道，让人无形地运动着。吻合低碳生活的“阳光经济”理想的形态。

镂空中空作为植物低碳展览学习平台，纵横交错的伸展台犹如植物的生长之源“根”。让低碳生活从根本生活做起，从根本学习交流。吻合低碳生活的“生物质能经济”理想的形态。

下陷流通层，四周的流通空间，可以起到引风导风作用。吻合低碳生活的“风能经济”理想的形态。

主要道路系统

支路道路系统

主要景观节点

入口广场设计

分隔带

密林区

设计说明：

本方案充分发挥基地特有的自然条件，结合基地高差形态，以人为本创造出时代特色鲜明、满足低碳休闲功能要求的城市环保性景观。以基地原有高差构架建造多空间框架，结合现代的设计手法丰富场地的内涵，形成多空间，以满足不同使用者的需要。合理解决人与环境的关系，使地面充分发挥了可使用性，让人在不同空间和谐共享这片栖息地。立体的空间系统很好地解决了人的各种活动对环境的影响，而阶梯形象的关键词——健康、方便、运动、雕塑感，就成为我创作的主题。作为建筑的“运动”或漂浮于这个表面之上，或镶入被掀起的表面中，创造了一系列独特和复杂的室内外活动空间。在这里，所有的人都会感觉是在置身世外，会折服于科技，自然，艺术的完美结合，这就形成了阶梯低碳休闲运动景观吸引人的亮点。

荔根 优秀奖

深圳大学艺术设计学院环境艺术设计系

关芬猛

基地分析

该项目位于深圳大学西北角，占地面积约4.5万平方米。场所对外的意义为城市稀有的绿地空间；对内刚表现为完善大学校园氛围，营造拓展空间的绝佳机遇。基地内部现为大面积荔枝林，内部无明确路径，空间较为封闭，具有开发利用的价值。

基地现状图片

设计目标

营造具有"自然的回归"、人文的空间、低碳的校园景观、室外的学习环境特点的优美课外景观。

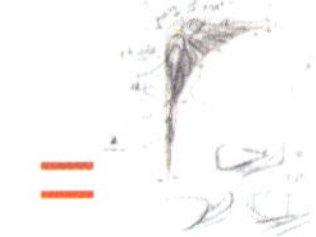

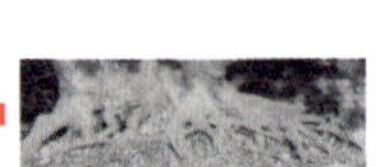

概念分析

概念来源

概念主要来源于深圳大学的荔枝树，众所周知，深大又称荔园。整个校园被荔枝树所环绕。所以我用荔枝树作为设计蓝本，根据其形状及环境特点，并用其树根，使其整体形态像荔枝树的树根。最终的目的是，使用最贴近深大的特征，并使用大自然为本，得出了本案的设计主题："自然的回归"、人文的空间、低碳的校园景观、室外的学习环境。

智慧长椅
次入口处
书声溢谷区
极限运动区
树池
休息椅
室外学习区
低碳聚会区
思源广场
主入口处
休息椅
次入口处
休闲漫步道
北
0 15 30 75M

总平面图

设计目标

营造具有"自然的回归"、人文的空间、低碳的校园景观、室外的学习环境特点的优美课外景观。

设计主题

深圳大学西北谷景观设计围绕着"自然的回归、人文的空间、低碳的校园景观、室外的学习环境"的主题明确树立创造有"快乐学习，极限游玩，低碳聚会"的目标，利用植物微地形、构架、小品等概念元素的发挥，营造出西北谷景观，一系列情景交融式的景观。

设计构思

景观规划设计立足于深圳大学特有的文化内涵，通过丰富的地形塑造、明快的人工地形，围和宜人的活动空间、减少硬质场地，用小料石、硬地嵌草等方式软化软硬质景观之间的局部边缘，让人的活动更多地融入到绿化景观环境中来，从而为师生营造一个富有文化特征的优美校园课外环境。

效果图7

东立面图1 ： 1000

北立面图1 ： 1000

南立面图1 ： 1000

西立面图1 ： 1000

设计原则

共生性原则：强调环境与建筑的共生。

持续性原则：景观设计具有延续性、融合性，保证其可持续发展的要求。

自然性原则：用景观赋予使用者的全方位感受，传递大自然的绚丽和丰富。

经济性原则：昂贵的材料并不代表环境的品质，我们崇尚低碳。功能性：科学性和艺术性的有机结合才是好的景观设计的基本保证，我们秉承这一原则，在栽植、铺地和构造物的营建上都坚持合理不贵的处理方式，充分利用本土植物，朴素的材料进行景观营建，通过合理的搭配提升环境的品质。

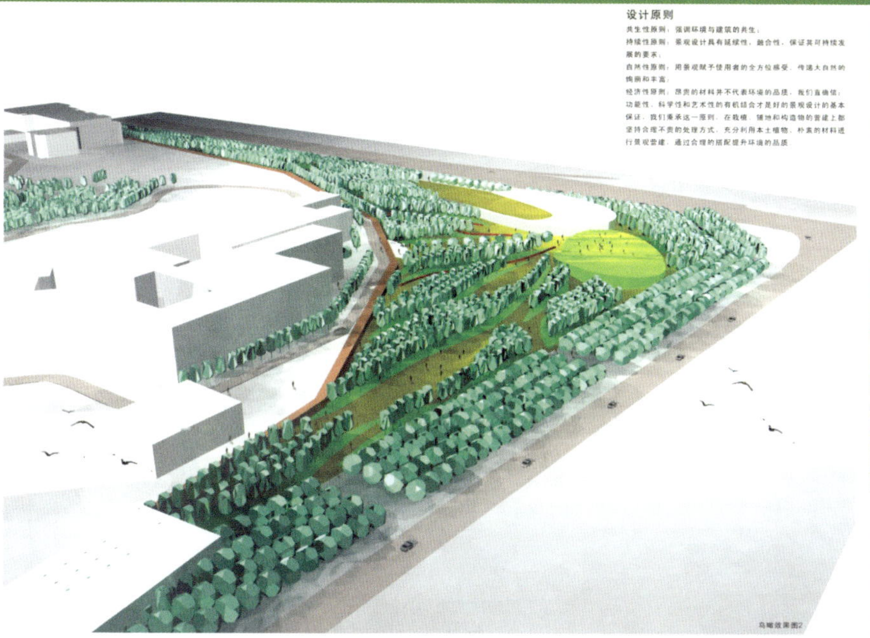

鸟瞰效果图2

思源广场

思源广场位于西北谷入口处，为主要的集散中心。设计以知识的源泉与知识的宇宙为主题进行展开，寓意知识的宏大博深。富于韵律的同心圆的运用体现了知识的广泛传播，与东面的树阵完美组合，营造出立体的、多层次的参与性系统空间，丰富了共享空间框架。树阵选用了原有的荔枝树、杜鹃树为主，在色彩和空间上都达到了富有层次的变化。思源广场与树阵的结合加强了场所的功能复合性和模糊性。

效果图2

荔根
LI GEN

思源广场入口处局部

思源广场入口处，为主要的集散中心。设计以知识的源泉与知识的宇宙为主题进行展开，寓意知识的宏大博深。富于韵律的同心圆的运用体现了知识的广泛传播，与东面的树阵完美组合，营造出立体的、多层次的参与性系统空间，丰富了共享空间框架。

效果图1

室外学习区

把学生引到基地里学习，是本方案一直所追求，这是一种低碳生活的表现，学生来到室外的环境里学习，远离了照明与空调的危害，这才是我们所追求的生活。在我们的生活中尽量少用电，就能够为地球节省更多的资源，让这种学习习惯在特区大学里散发，真正做到低碳生活。

效果图2

思源广场入口处

思源广场入口处，为主要的集散中心。设计以知识的源泉与知识的宇宙为主题进行展开，寓意知识的宏大博深。富于韵律的同心圆的运用体现了知识的广泛传播，与东面的树阵完美组合，营造出立体的、多层次的参与性系统空间，丰富了共享空间框架。树阵选用了原有的荔枝树、杜鹃树为主，在色彩和空间上都达到了富有层次的变化。思源广场与树阵的结合加强了场所的功能复合性和模糊性。

效果图3

思源广场

思源广场位于西北谷入口处，为主要的集散中心。设计以知识的源泉与知识的宇宙为主题进行展开，寓意知识的宏大博深。富于韵律的同心圆的运用体现了知识的广泛传播，与东面的树阵完美组合，营造出立体的、多层次的参与性系统空间，丰富了共享空间框架。树阵选用了原有的荔枝树、杜鹃树为主，在色彩和空间上都达到了富有层次的变化。思源广场与树阵的结合加强了场所的功能复合性和模糊性。

效果图4

智慧长椅

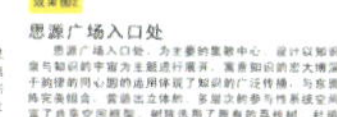

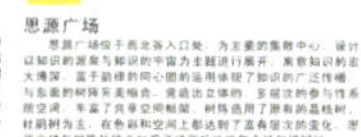
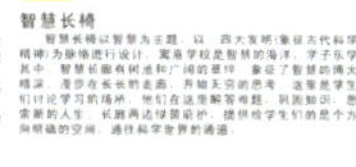

效果图5

休闲漫步道

效果图6

智慧长椅

效果图7

生态景观区

效果图8

极限运动区

草坪分析

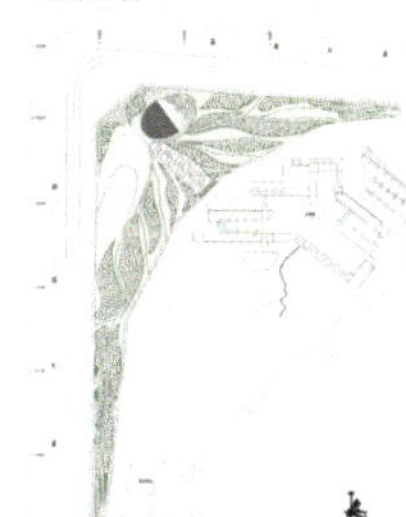

道路分析

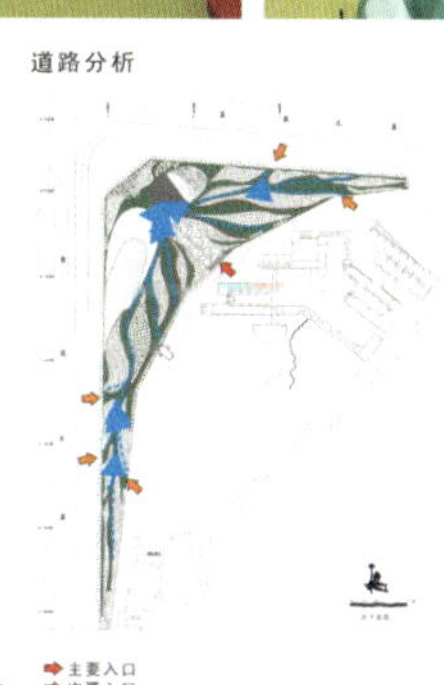

功能分析

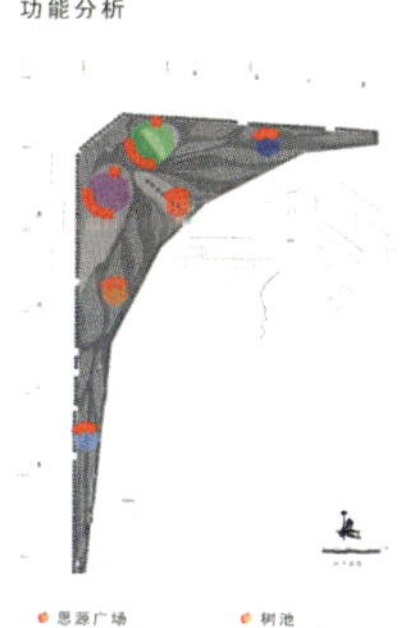

景观节点分析

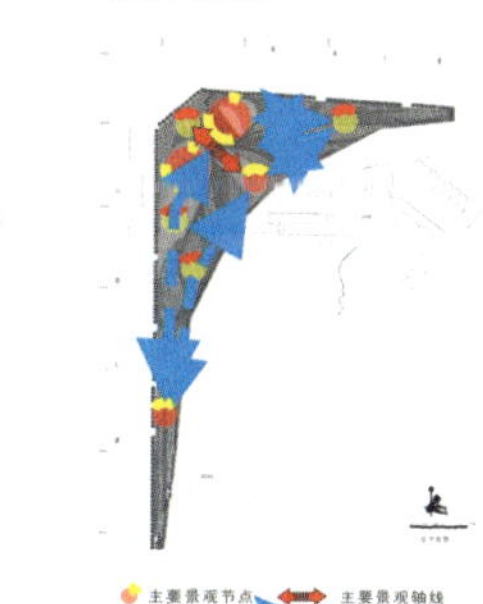

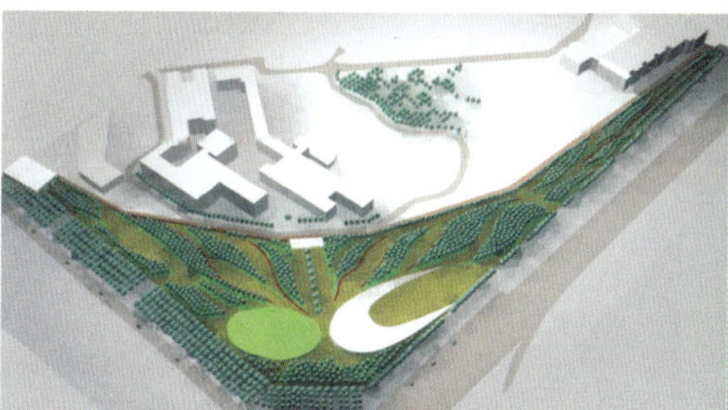

低碳生活的解读 优秀奖

深圳大学艺术设计学院环境艺术设计系

周明

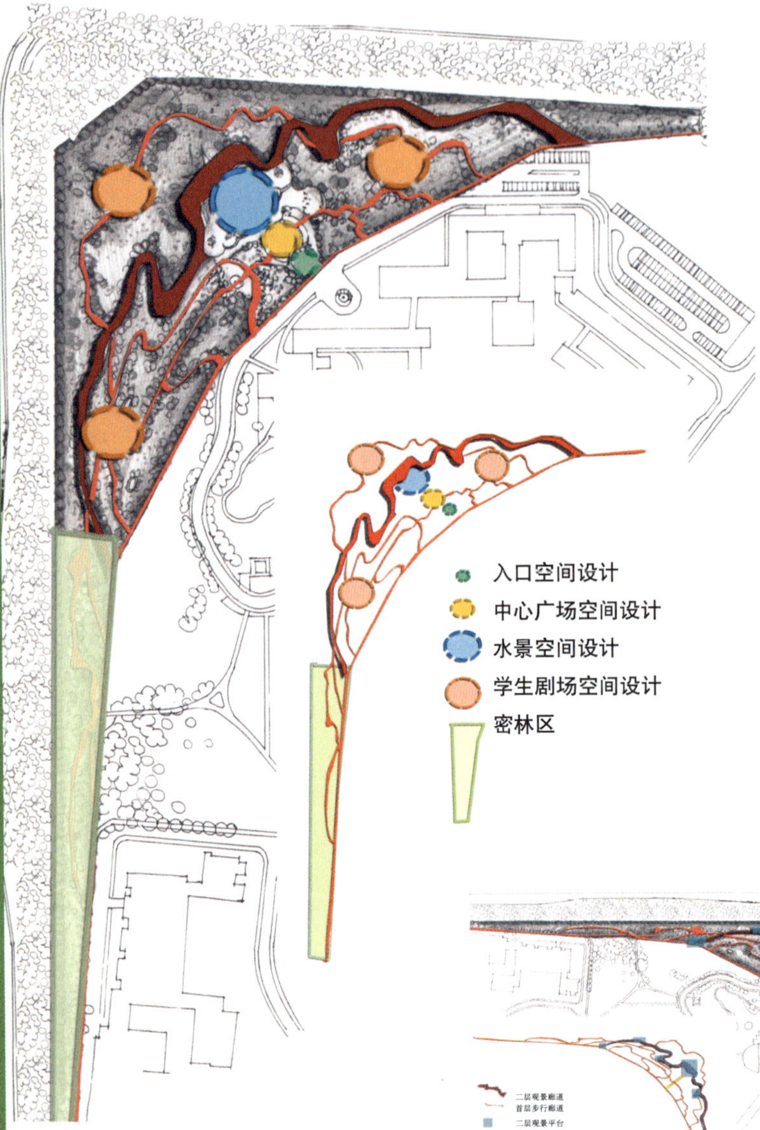

设计说明：

设计的灵感来源于充分对基地环境的分析，深入了解基地的背景，人文环境。

老子云："道大、天大、地大、人亦大，域中有四大、而人具一焉"。以人为本，通过广场、水景区、亭子等节点的景观设计，务求做到每个节点的设施都适合各个年龄层次人群使用，处处体现人性化的设计，强调人与水、人与自然、人与文化、人与人之间亲和的关系，同时用简洁、明快的流线连接各景观节点，为学生、老师提供一个品味人生的场所，享受优美生活的舒适生活空间。

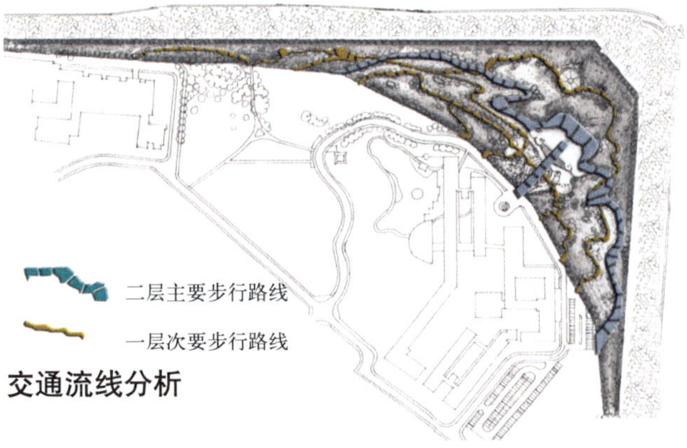

入口空间设计
中心广场空间设计
水景空间设计
学生剧场空间设计
密林区

二层主要步行路线
一层次要步行路线

交通流线分析

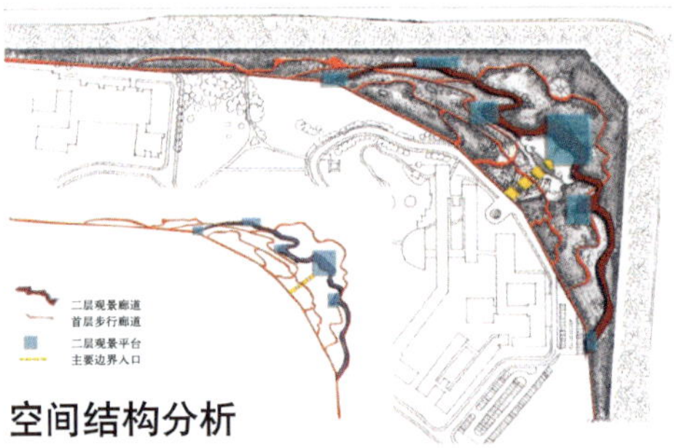

二层观景廊道
首层步行廊道
二层观景平台
主要边界入口

空间结构分析

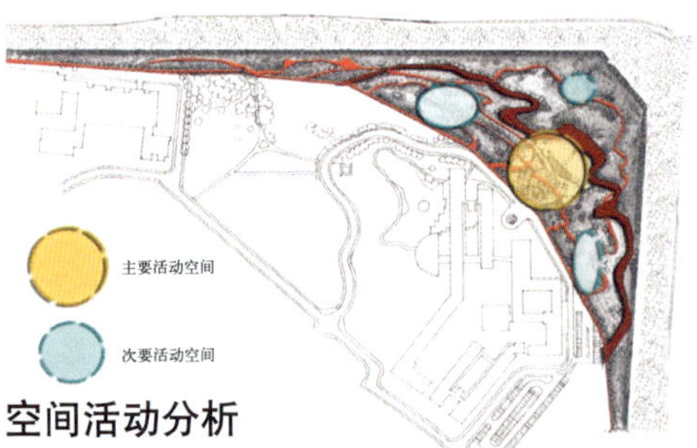

主要活动空间
次要活动空间

空间活动分析

入口效果图

水景效果图

走廊效果图

局部剖面图

局部效果图

软质景观 优秀奖

深圳大学艺术设计学院环境艺术设计系 易志雄/魏桂芬

设计说明：

低碳是本项目的主要理念，如何实现低碳，人与自然的和谐？本项目主张以软质景观设计为主，强调景观的自然性、生活性和艺术性，贵在自然，在嘈杂的城市环境中营造出自然、清新、静谧和温馨的校园景观，这也是本项目景观设计的根本出发点与特点。注意校园生活气息的营造，将学者的活动、交往、休息等融入到景观设计中来。

综合项目实际，尽量保留荔园的原始生态，加植其他乔、灌木的搭配，水体及沙的应用，突出情趣、和谐、舒畅、自然抒情的作用。

材料应用说明：

在材料上，中心广场主要以防腐实木地板为主，结合工字钢把底层架空，相间透缝排开，以致使阳光能透过缝隙与原始的草坪相吻；游园路均以硬质室外铺砖为主，局部用草地间隔开，软硬结合；观景台采用工字钢架起，木条排开，在荔枝树上穿插而过，达到观景的同时，也保留了荔枝树的完整，从而更好地实现低碳理念。

水体在园中的应用，小溪汇荔园之雨水等，最深不过1米，均以实地挖掘而成，可为灌溉之用；而溪边置于石块或直接与草地相接，突出自然的同时也实现了人与水的亲密接触。

竖向分析图

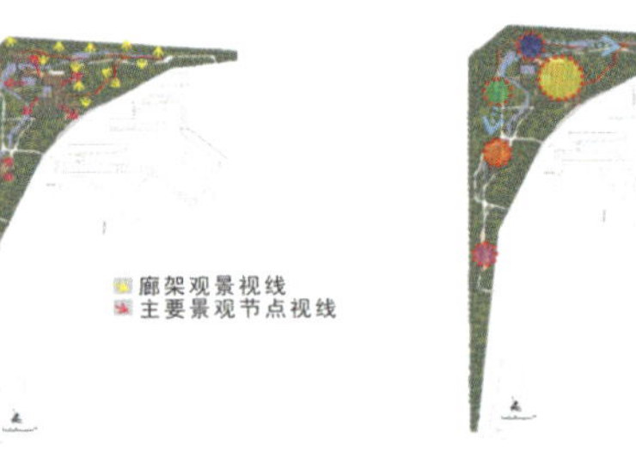

视线分析图

中心景观节点
幽静景观节点
私密景观节点
开放景观节点
运动景观节点
景观主要轴线
景观流水轴线

景观节点分析图

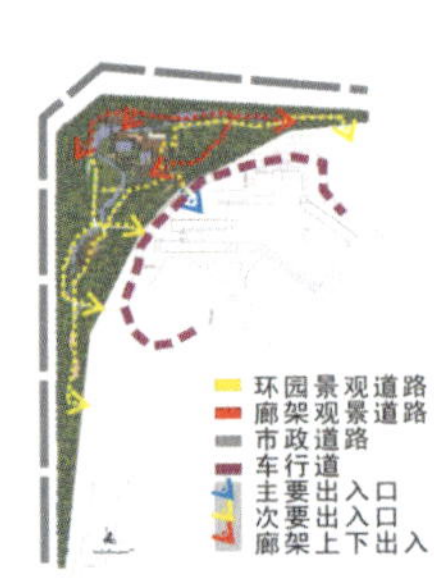

道路系统分析图

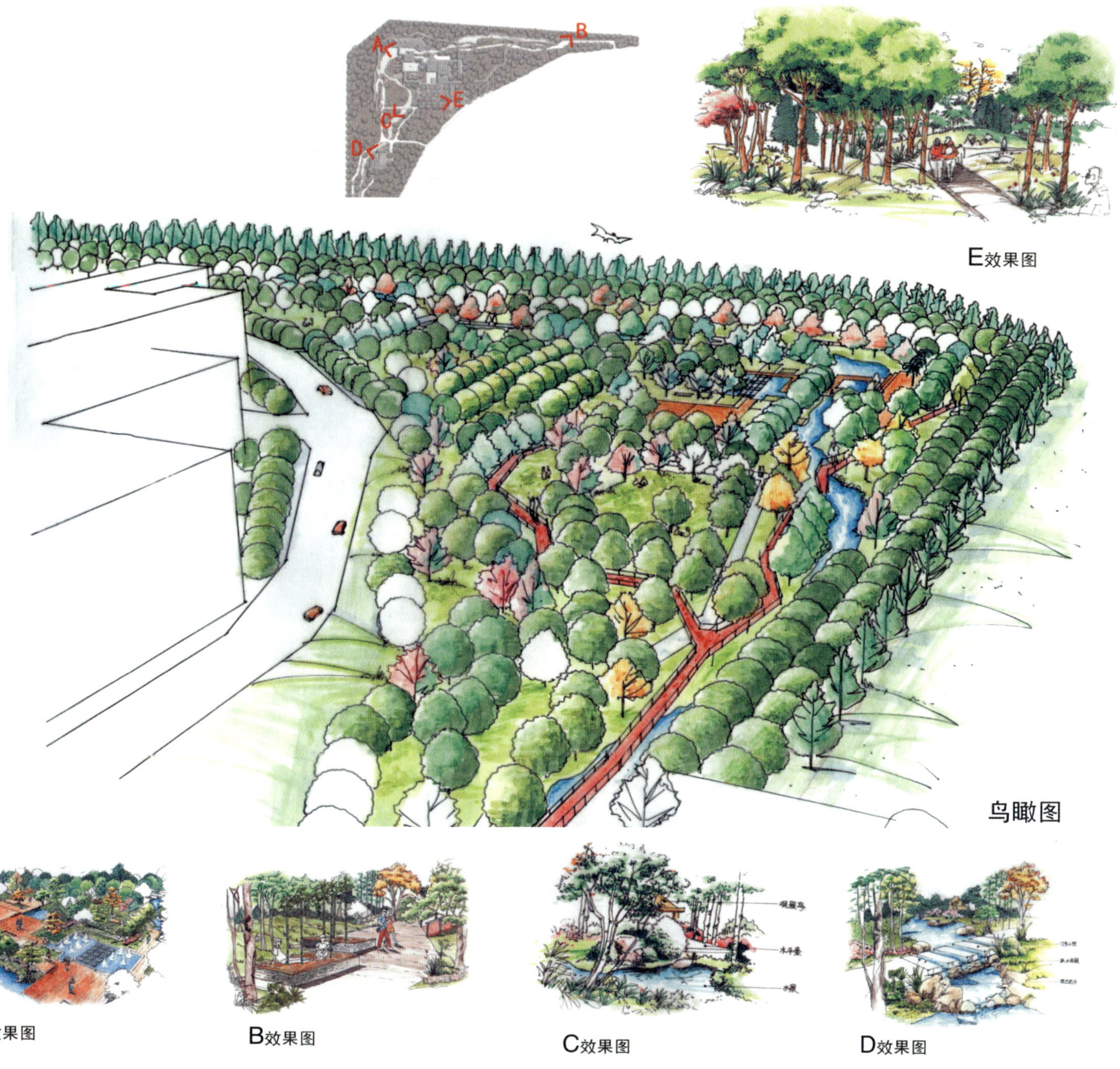
A
B
E
C
D
E效果图
鸟瞰图
A效果图
B效果图
C效果图
D效果图

康定斯基狂想曲 优秀奖

深圳大学艺术设计学院环境艺术设计系 陈马贵/麦景峰

设计说明：

该作品有三个主要特色。

一、在景观规划上就是抽取康定斯基的抽象绘画艺术元素，几何形状的树丛、花卉和储水池，在形状与颜色上形成一种构成美。

二、深圳是一个多雨的城市，有着丰富的水资源。利用基地的地形，很好地把储水池与内部景观相结合，在功能上达到储存雨水的作用，同时也起到休息空间的作用，表达低碳景观的主题。

三、还有一个特色就是三个连通文科楼与景观基地的桥。因为基地外部就是校道，车辆来往多，为了保证学生的安全与方便，便设计了三座与景观基地的桥。桥的造型也具有一种构成味，呼应景观整体美感，成为一大亮点。

设计理念：

倡导环保、低碳生活。在形式上表达一种抽象的构成艺术。在功能上运用科技技术。

倡导低碳环保。

基地情况：

基地情况：杂、乱、脏，且没规划可言，影响了校园景观，没有利用好这块土地资源。

设计目的：

改造西北角现存的景观问题，创造出一块优美，环保和安静的休闲与学习环境。

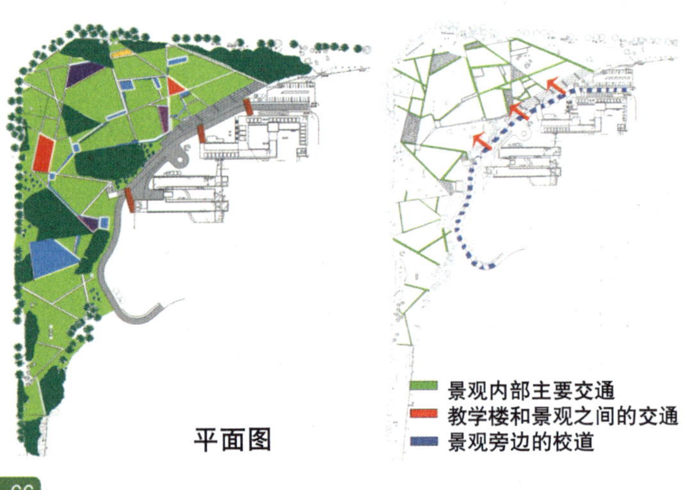

平面图

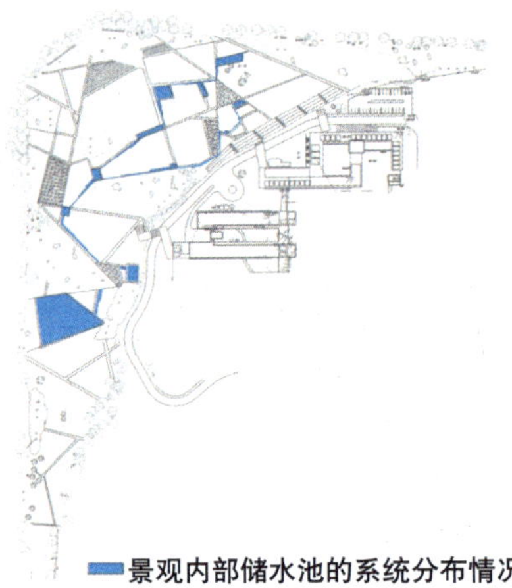

设计灵感来源：

康定斯基的绘画充满一种抽象之美，其几何形状的图形和艳丽的色块之间形成一种构成，是人心灵的一种幻想。我的作品的元素也主要来源于此。

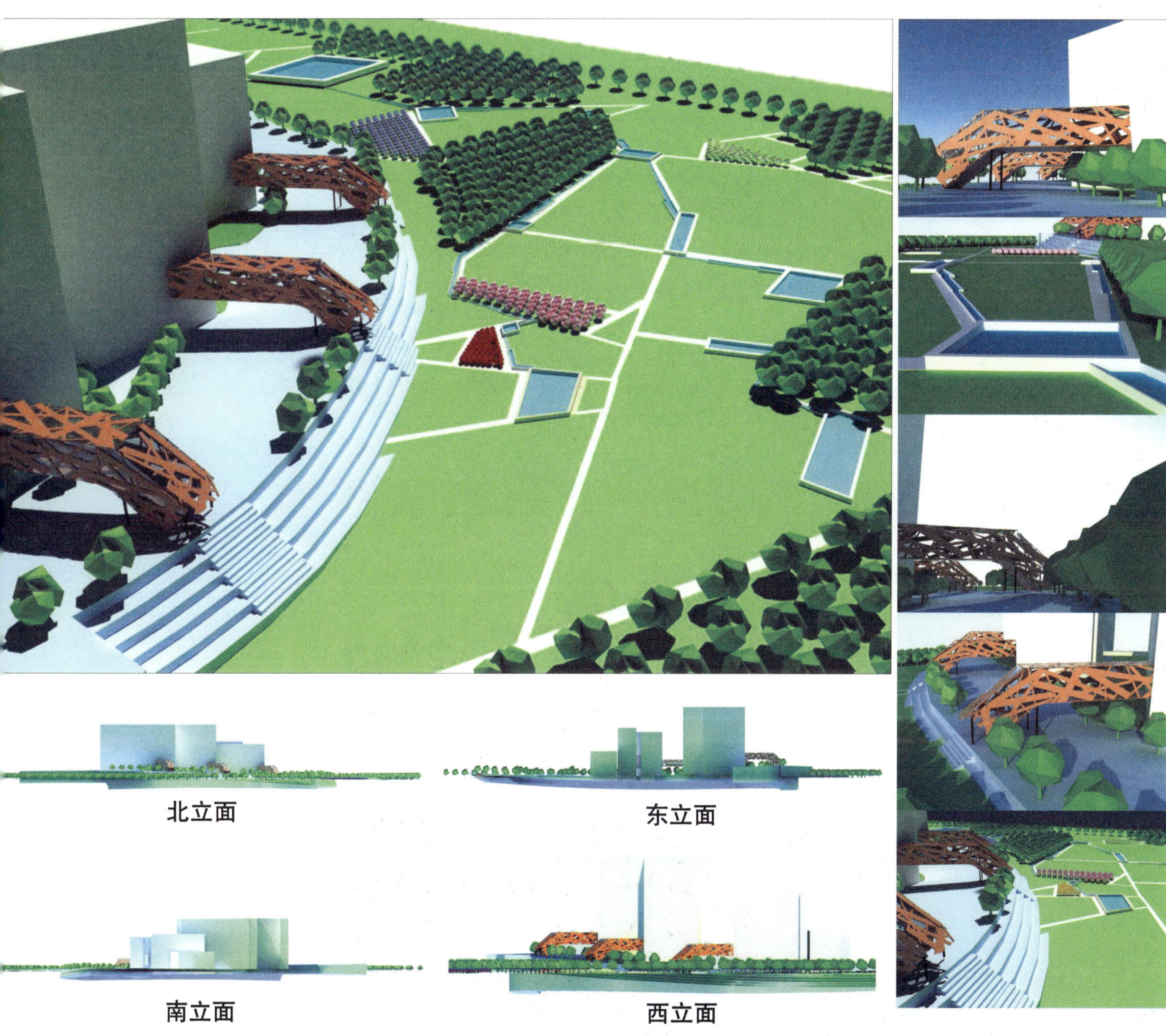
北立面
东立面
南立面
西立面

低碳·生态·环保 优秀奖

深圳大学艺术设计学院环境艺术设计系

张伟福

学生活动广场

学生活动广场入口水景

人工湖

涉水休闲广场

走道

设计说明：

该项目地点位于深圳大学西北角，占地面积 4.5 万平方米。该地也是一片果林，里面种有大量的荔枝树。本方案在此基础上进行统一规划设计，通过设计提供了一个大型表演交流性学生活动广场，一个休息涉水广场，也根据地形在低洼处挖掘了一个人工湖，沿湖设计了各种走道和湖边戏水平台，使人和自然相融合。

主入口和文科楼西北方向的一个出口相连，从主入口进入，就是跌水瀑布，水流一直延伸到学生活动广场入口，与广场入口的跌水相连。这里通过流水为纽带，有效地把入口到学生活动广场连接起来，成为西北谷活动区的中心。主入口两侧分别设有次入口，可以直接进入荔枝林，欣赏林中的景色。

主入口广场两侧分别有两组“小山丘”覆盖于整个场地的橡胶表面，原本只用于运动场和气垫的这种橡胶材料给人带来超乎寻常的柔软触感，富有弹性。场地呈现出波浪起伏的形状，体现出来的流动性让游人觉得视线流畅。此地被处理成为立体的三维空间，由橡胶制成的安全、舒适的室外空间，让来此处的游人仿佛置身于颠簸的小船上，或者体验在气垫上跳跃的轻盈感觉。由于橡胶独特的物理性质——弹性佳，能制造缓冲力，使得安全性问题得到了解决，让人们不会因为摔倒或者其他不定因素而受到伤害。除了外在显示出的另类、人造和易于让人亲近的显著特色，其建造还有其实质环保意义。80% 的材料（按重量计算）都来源于回收的废弃物，包括废弃的运动鞋底、轮胎等。此外，场地的橡胶表面具有渗透性，雨水能透过橡胶表层流到树的根部，有利于水资源的循环。通过这种方式对低碳校园景观进行概念解读，保护原有的生态环境。用现代的方式和方法来提升价值，也赋予其各种功能，给学生学习和生活带来便捷，尽量满足各种需求，提供一个完美的校园景观环境。同时，也赋予一定的文化色彩。

主入口水景

涉水休闲广场

05

提名奖作品

Works of Prize Nomination

01　02　03　04　05　06　07　08

01深圳大学西北角荔枝园景观规划设计　02休闲绿地设计——银廊　03低碳生活的解读
04人性、人情、人文校园景观设计　05西北角景观规划设计　06低碳生活的解读
07低碳生活解读　08流动的风

深圳大学西北角荔枝园景观规划设计 提名奖

深圳大学艺术设计学院环境艺术设计系 陈瑜

设计说明：

设计所处的位置在深圳大学西北角，占地面积4.5万平方米，面临南海大道，北临深南大道，东南方是深大文科楼。四周交通便利，园内环境优雅，内部有大面积荔枝林，但无明确路径空间，较为封闭，具有一定的开发价值。

根据以下设计原则，设计西北角空间。

经济实用原则：充分利用场地条件，减少工程量和维护量及能源的消耗量。

生态性原则：强调低碳、自然。

功能性原则：满足全校师生的休闲娱乐、生活学习等要求。

美学原则：在规划中，合理规划创造、组织空间，创造亮点。

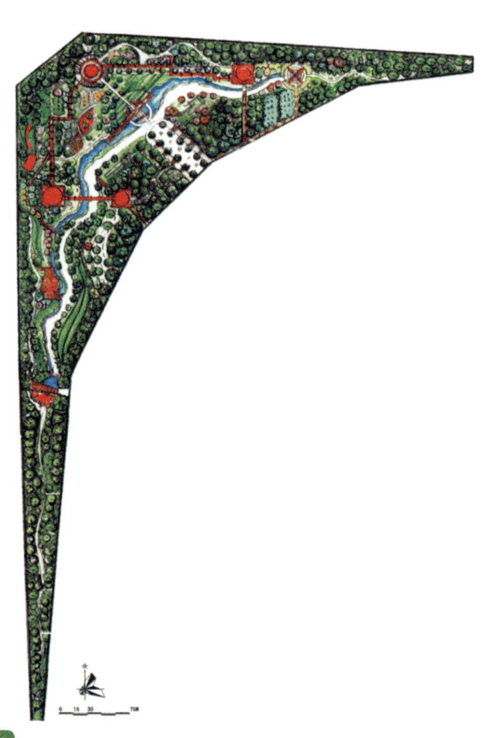

我设计的主题是：“绿野仙踪，体验自然”，以“低碳”设计为核心。所谓“绿野仙踪”是指对原有地形、地貌、树木的保护和尊重，针对校园的自然环境组织功能，在营造空间渲染氛围中进行设计。倡导自然主义，在尽量保留本身自然形态与景观要素的前提下进行环境处理，不仅使生态得以延续及改善，且通过对空间尺度的把握、划分，使荔园具有多层次丰富的景观空间。利用高差和地形，可以把人引入荔林的上方去，俯望全景（利用红色的高架栏，在绿色荔林中会形成高强度的对比，在材料上会显现一种现代感，展现一种生态空间、艺术空间、文化空间）。也可以在密林中穿行，时而戏水，时而游玩，畅享生态自然，就像小精灵在仙境游玩一样，创造“天人合一”的园林意境，体现人与自然和谐共存的生态原则。

在功能上划分了学习区、休闲区、娱乐区、私密区，这些是师生们在此观景的基本立足点。营造舒适和谐的环境，让人可以在这里感受自然，发挥它应有的空间利用价值。

剖面图

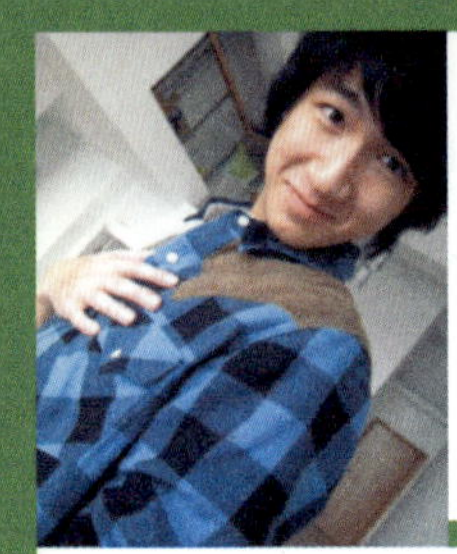

休闲绿地设计——银廊 提名奖

深圳大学艺术设计学院环境艺术设计系

胡中原

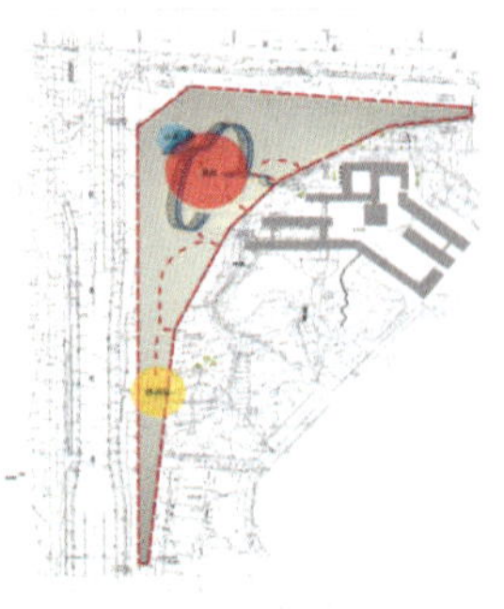

设计说明：

本次设计的基地位于深圳大学文科楼西北角荔枝园。占地面积4.5万平方米。该次改造是将其改造为休闲景观绿地。主要思想是要体现出深圳大学的地域性与独特性。设计结构为山水楼的设计理念。所以在此选用了最具深大代表的景物——杜鹃山文山湖为主要设计元素，加以利用。西北角一直为文科楼后无人问津的荔枝园，是整体属于消极状态的一块绿地，这次改造则是将其赋予积极性的一面。本次设计本着低碳设计的原则对原有树木大规模地保留。仅在树林上方进行架空，形成悬廊的模式银廊。

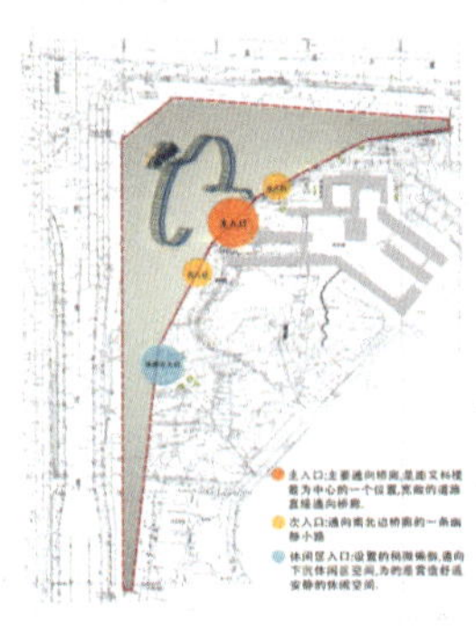

银廊以深大文山湖的轮廓为外形，将深大的文山湖抽象地移至文科楼处。站在文科楼上俯视，可感觉到文山湖的活灵活现。并且运用现代材料——白色桥体、支撑柱，顶盖为太阳能板、玻璃围栏。白绿相结合，形成和谐的生态区。银廊宽4米，高6米，有条曲折桥梁与文科楼二楼相连接，方便学生通行，同时大大增加了互动性与方便性。

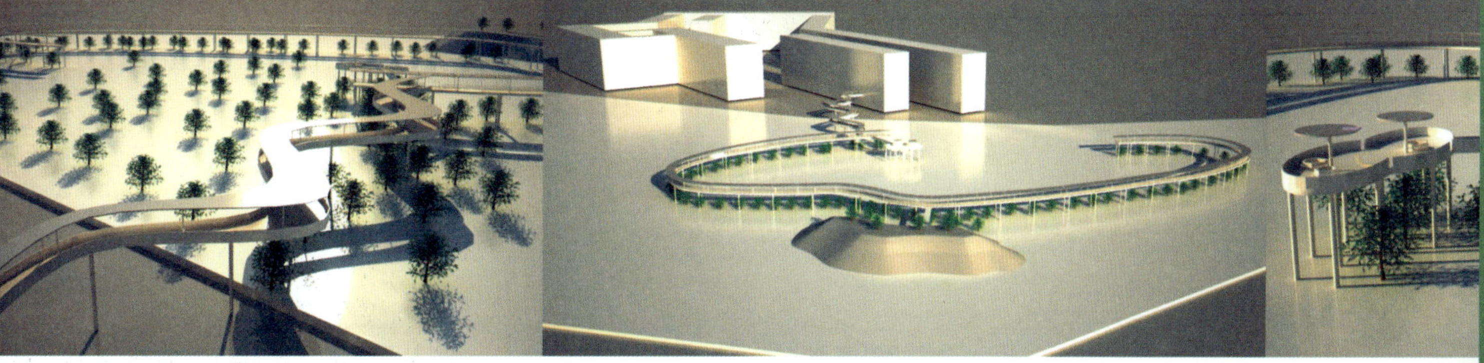

低碳生活的解读 提名奖

深圳大学艺术设计学院环境艺术设计系

李建闯／王维立

设计说明：

1. 低碳生活 (Low Carbon Living) 就是指生活作息时所耗用的能量尽力减少，从而减低二氧化碳的排放量。本设计的特色有两点：第一，运用各种方法节能降耗；第二，让身处其中的人们能感受低碳生活的真谛之所在。

2. 在节能减排方面：充分利用自然能源——太阳能和风能等，让景区内部能源自给自足。

3. 景区内部的主体建筑是圆形的“跳蚤市场”，通过资源的多次和循环利用实现节能降耗的设计理念。并与对面的观景台两两相望，让各自的空间得以延伸，还能满足我们学习久后的视觉需求。主体建筑的外形（圆形）也正好体现循环利用的设计思想。

4. 在南北走向的两个节点处设有移动图书馆，让景区拥有更具活力的户外学习空间。

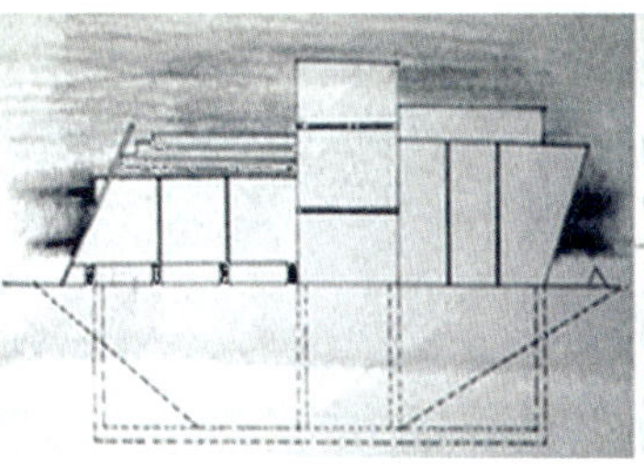

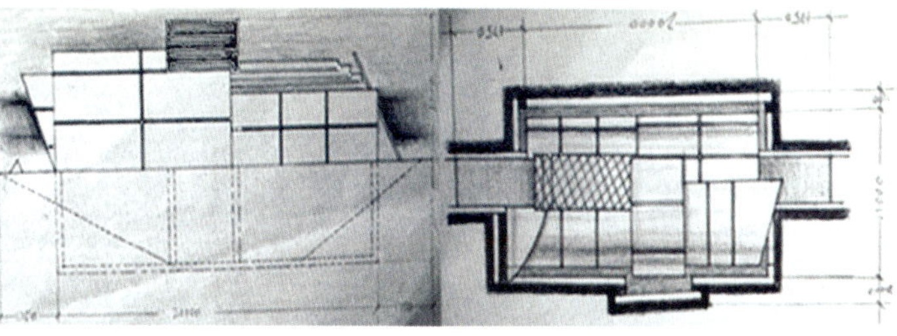

5. 在风车的设计上，将其和路灯合二为一，在使用节能材料的同时更能一目了然地反映主题，风车路灯下设有休闲坐椅，让人们能更近距离地去感受。

6. 建筑材料：混凝土、金属材料、玻璃、天然木材等。

7. 采用现代主义设计手法来创建绿色、休闲和可以户外学习交流的生活空间。

8. 观景台里层设有太阳能媒体幕墙。太阳能媒体幕墙在白天为关闭状态，外视效果为正常建筑幕墙效果，看不到内部安装的一切部件。只有到晚上利用太阳能打开并播放多媒体程式时，才可见在夜幕中各种巨幅广告、动画。

而且该系统的照明亮度可以掩盖晚间从周围采光区透出的照明光线，不见丝毫的干扰与混淆。幕墙被作为一个独立而完整的部分进行设计。幕墙不再仅仅作为功能空间的维护和限定者，而更多地具有信息传达的媒介和社会意义的载体的特征。

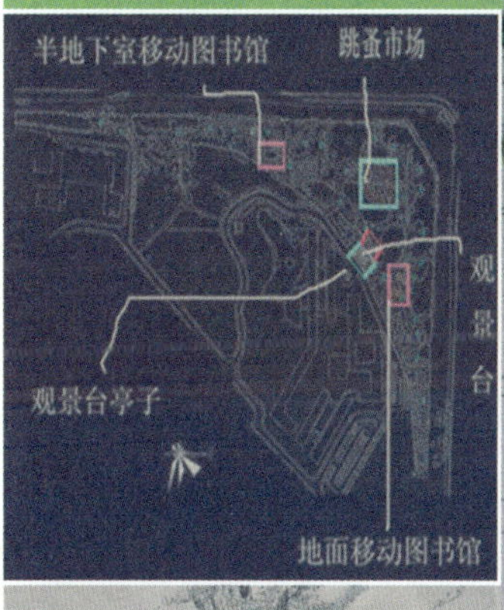

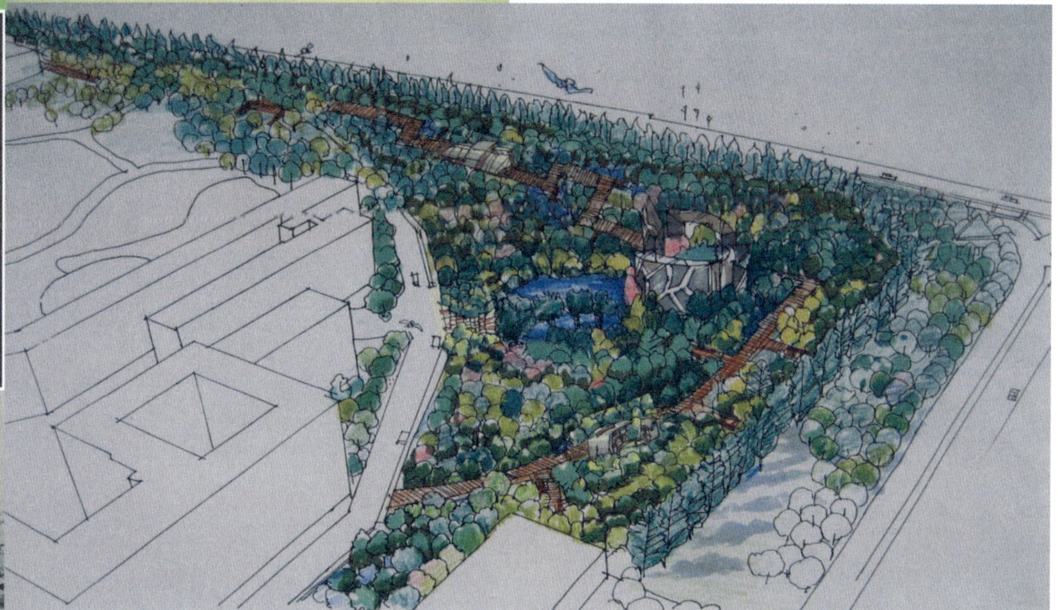

人性、人情、人文校园景观设计 提名奖

深圳大学艺术设计学院环境艺术设计系

彭文洋／钟吉和

设计说明：

该方案设计摒弃所谓的“科技元素”、“现代元素”那些空洞僵硬，让人厌倦的东西。从市民的实际及周边环境需求出发，给市民提供一个流连忘返的休闲活动空间，使用极少的硬质铺装，尽可能提供更多的绿化软铺装。不仅使基地本身的绿化面积增大，同时使城市绿化率更高，符合生态景观设计要求。

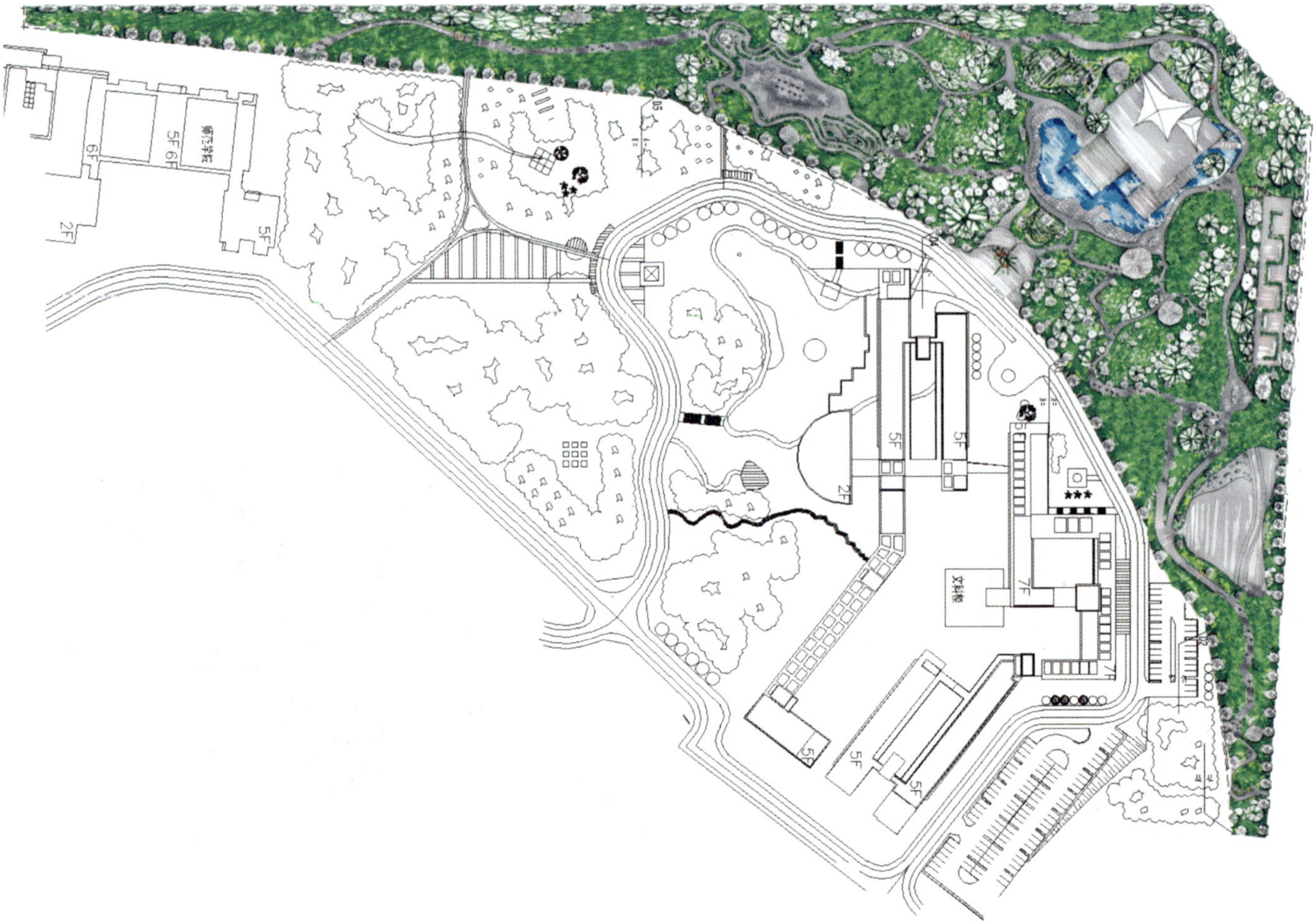

西北角景观规划设计 提名奖

深圳大学艺术设计学院环境艺术设计系研究生 吴文治

设计说明：

设计元素：本设计以“圆”为基本元素，试图以此构建一个充满秩序、神性的校园景观场所。

设计手法：方案把圆分为三级（20 米 < 大圆直径 <30 米；15 米 < 中圆直径 <20 米；6 米 < 小圆直径 <15 米），分别作为三个景观级别的节点，来组织功能和道路分布。

设计形态：三个大圆分别是三个功能分区：演艺区、娱乐区和学习区；红、黄、蓝三条直线形道路将整个景观带串联起来，并随着地形和中间景观分布而变化道路的形式和内容，具有很强的导引性和灵活性。

设计理念：低碳是一种理念、一种态度、一种主张。我觉得可以更进一步，实现“零碳”设计。零碳或者低碳是一种动态循环的概念，不是没有碳排放，而是实现碳排放和碳吸收的动态平衡。

设计原则：尊重原有生境（大片荔枝林），利用原有地形；动工量最小化；在满足功能需求的前提下尽量减少大面积硬质地面铺装；利用生产、加工、使用、维护过程中低污染的材料（比如，木栈道、木架构等，因为木材的使用过程可以完全无污染，而且可以通过科学的轮伐、间伐、补植实现良性的循环利用；加拿大等国木材资源丰富，木材进口零关税政策，我们也可以大量进口木材）。

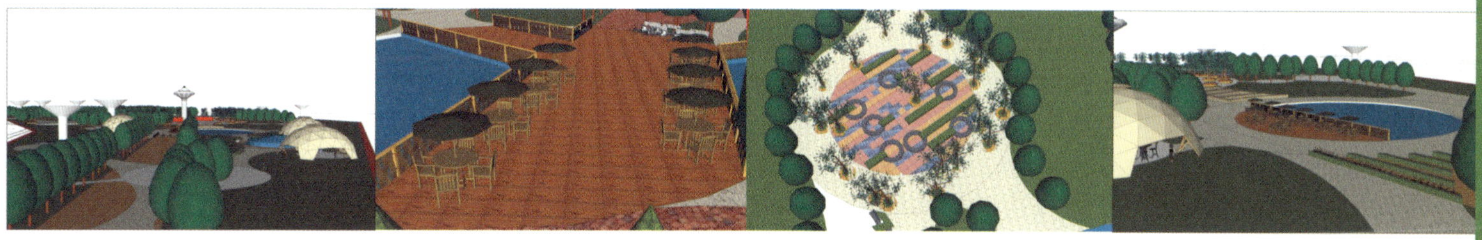

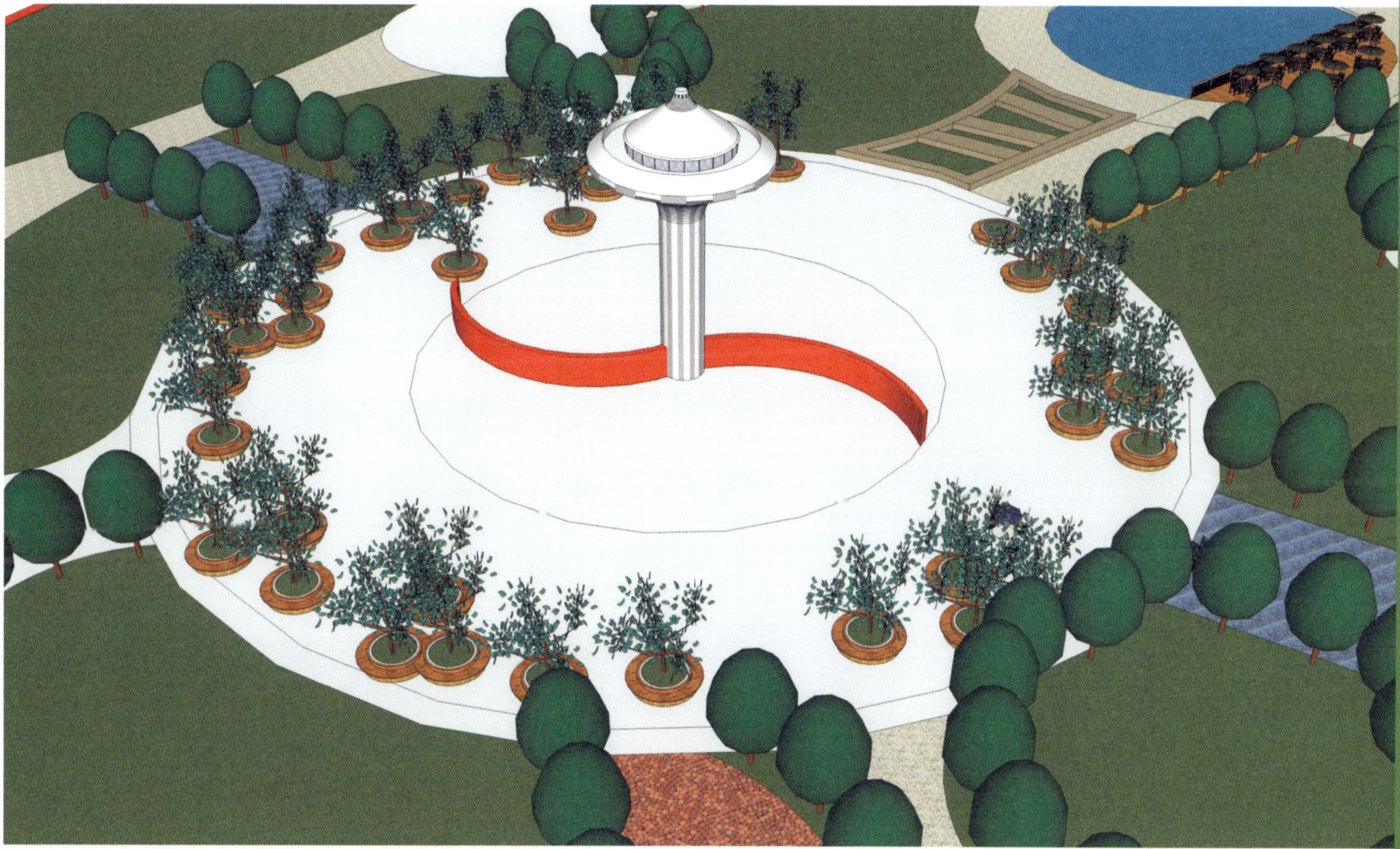

低碳生活的解读 提名奖

深圳大学艺术设计学院环境艺术设计系

徐金晶

设计理念：

枯藤老树“婚”、“芽”。枯死的树枝藤条代表生命的静止；种子代表生命的延续，绿色的传承。让枯死的树枝藤条和种子结合，即让种子拥有生命的开始，由此枯藤有了第二次的春天。生命永远继续，低碳在这里孕育而生。

设计说明：

该地位于深圳市南山区深圳大学西北角。

该设计以大面积的水体为主，有三座岛屿，每个岛屿之间以长廊相连。大部分水体都不是露天的，这样不用将树移植，这样更加环保节能，又不失湿地的效果。该设计共有一个主要入口、三个次入口。人行路线外围环绕，内在相连。以长廊的形式为主，在长廊两侧设有小型的休息观光台，具有空间的私密性。

景观设料以枯死的树干、树枝、藤条和钢筋为材料编织出的建筑小品，经过和种子的搭配成为绿色景观“雕塑”。材料都是循环利用的植物木材、石头。让人感觉到舒适、宁静的自然环境。

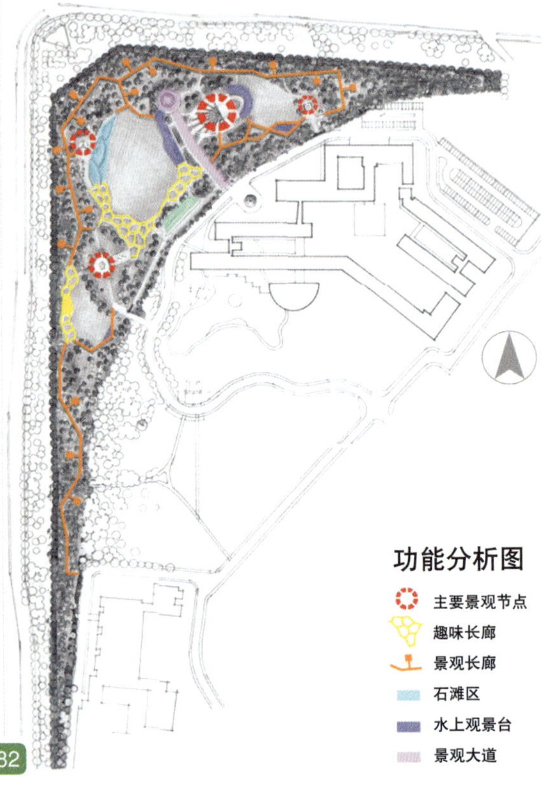

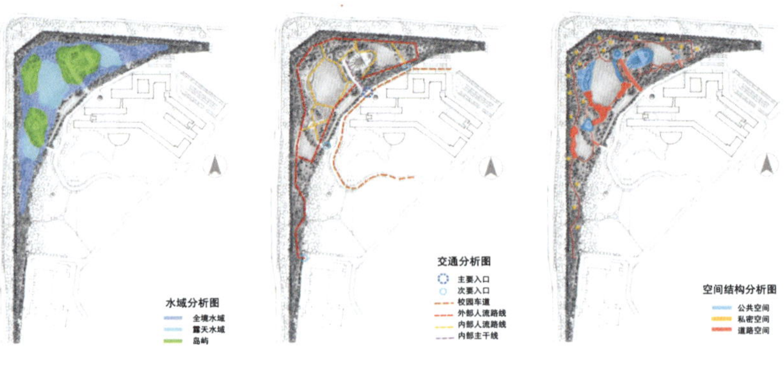

低碳生活解读 提名奖

深圳大学艺术设计学院环境艺术设计系研究生

郭倩倩

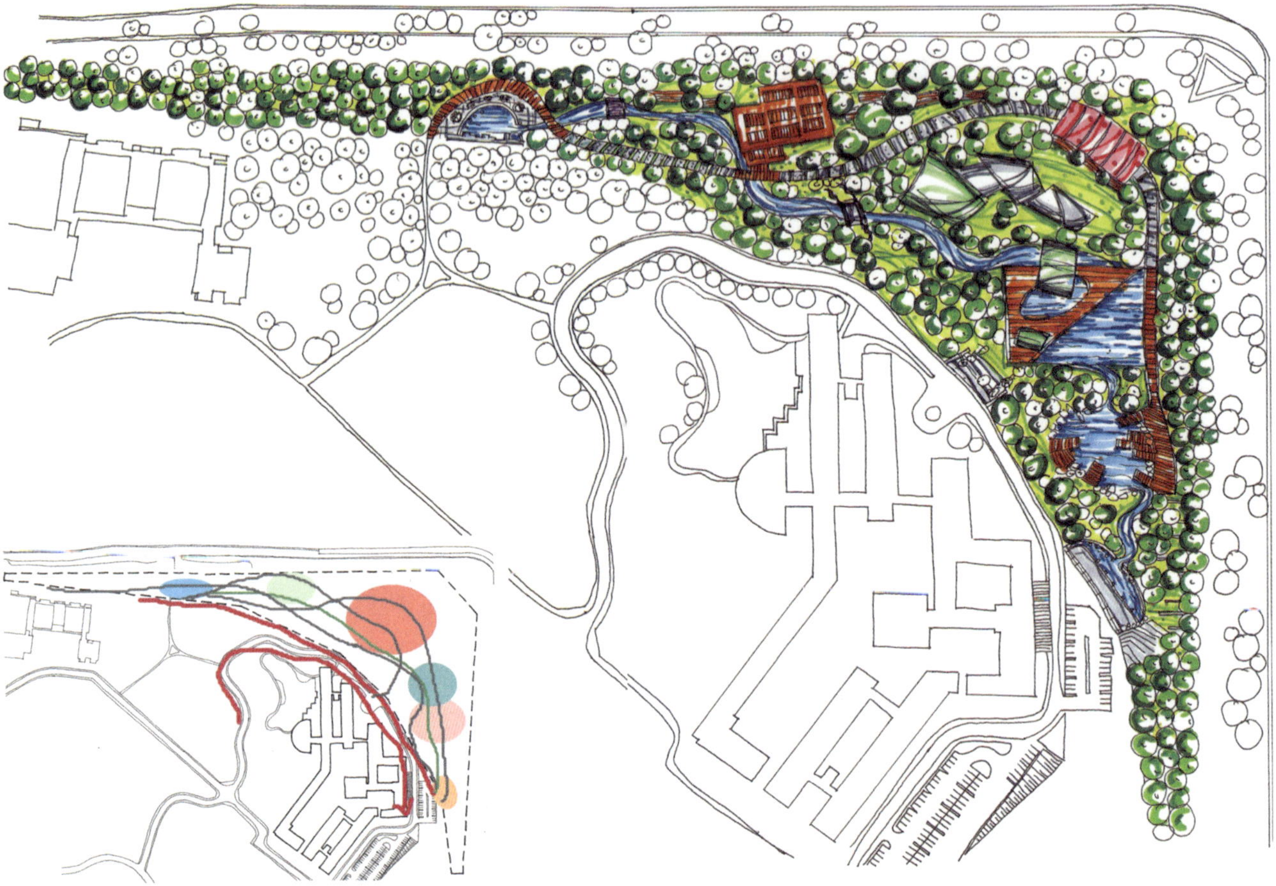

设计说明：

方案构思源于舞动的丝带，采用变异、扭曲、流动的表达方式演绎整个设计。设计以舞动丝带的曲线为主题，结合现有的地貌的环境，以流动的曲线为主线，孕育着生活的激情。这种灵动的美感既有趣味性，又具有实用性。

分析整个项目区域的原始地貌和原始景观，以及周边环境，我们发现该区域内部现为大面积荔枝林，内部无明确路径，空间较为封闭，具有开发利用价值。因该区域临城市主干道和立交桥，受噪声等污染会较强，我们采用植物围合的方式减少外界的影响。设计中为该区域规划了部分较明确的通行道路，将几个功能分区有机地连接起来，并通过对原有林木的整改，自然形成自由的通行路线。这样的道路规划既能减少对原始地貌的大量更改，又能增加师生行走的趣味性和愉悦性。景区设流线形水体，不仅与主线相辅相成，又巧妙地将几个景观节点串联起来，一气呵成，构成一幅美丽的画面。根据功能需要将整个场地分为三大主要功能区，分别是休闲餐饮空间、课余活动空间和学习空间。此设计对三大功能空间之间的功能界限并未作严格限制，并在连接三大功能空间的主线及周边又加以小景观辅助。

休闲餐饮空间是学习休闲及餐饮的重要空间，设计上采用自然的表现手法，每个桌子上的遮挡物均为藤架上缠藤类植物，既有遮阳的实用功能，又是低碳的表现。此空间设自动售饮料机，既方便大家，又节约资源。

课余活动空间包括学习交流广场和娱乐活动场。学习交流广场正对着主入口，是主要的聚散广场，设计上有木栅和静面水体组成，满足学习交流的需求。旁边是娱乐活动场地，此处设有专业的滑板道和室内活动空间，满足学生娱乐性活动的需求。

学习空间在设计上充分考虑功能需求，设艺术墙和浅位水体，植物配以竹子。艺术墙起到一定的遮挡作用，既保证空间的相对封闭，又具有一定的艺术美感。水体和竹子营造了雅致的学习空间。

在满足学习、演绎、娱乐等功能需求的基础上，本着“自然、生态、低碳”的设计理念，我们为深大学子提供了集实用、美观、生态、低碳于一体的趣味空间。

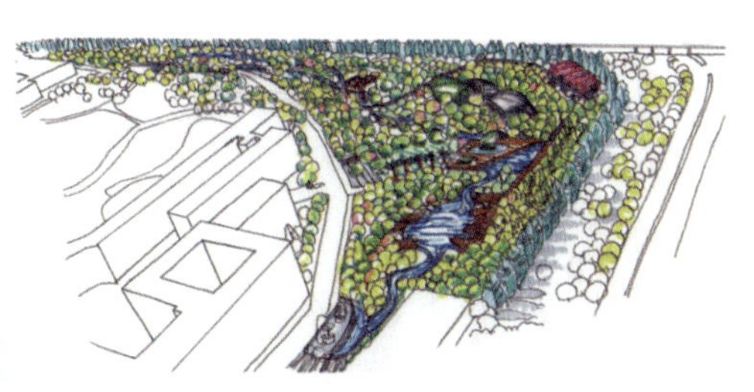

流动的风 提名奖

深圳大学艺术设计学院环境艺术设计系研究生

李圆圆/仝西波

一、项目概况

深圳大学西北角，位于深南大道与南海大道的交叉地带，是一片茂密的荔枝林，地势起伏，环境优美，与腾讯大厦等现代办公建筑隔路相望。校方计划在此建立一个开放的户外学习空间，营造一个低碳的景观学习区。

二、设计理念分析

深圳的夏天是一个持续时间比较长、高温、多雨、天气特别湿热的季节，“流动的风”设计，旨在在深圳大学西北角荔枝林里营造一个低碳的户外学习区。

1. 流动性

本设计以“低碳”为导向，以流畅的带状曲线联通各个区域，使原本沉闷的空间舞动起来，让夏日的凉风在这片丛林中畅通无阻。

低碳，其实就是节能减排，在炎热的夏季能够遮阳、通风、透光、挡雨，就能有效地减少空调、电灯的使用量，从而达到低碳的目的。本设计不仅在总体规划上考虑整个区域的空气流动，而且也充分顾及局部单体的通透性，例如：建筑空间的横向错落，纵深稍窄，使空气能贯通每一个角落。

2. 绿色性

虽说有绿色的设计不见得就是绿色设计，但是没有绿色的设计也很难谈得上是绿色设计，本设计以绿色的草皮做的带状曲线联通各个区域，建筑的屋顶、立面、环廊及围合的内部空间也均有绿化。

绿色是一个润眼的颜色，它象征着洁净、健康、生命力，能使人身心愉悦。

3. 空间的连续性、不确定性

本设计的空间具有十分鲜明的连续性，一条条绿色草皮带加强了分区之间的视觉识别性，伴随着高低起伏的地形使空间变得灵动起来，绿色带时而在地上，时而在建筑的墙面上，时而在建筑的屋顶，这就使界面变得模糊起来，形成一种不确定性之美感。

这种动态的、连续的、不确定的飘带形成了一种形态上的“风”，因此将之命名为“流动的风”。

三、空间分析

划分为三个区。

演义区：供学生组织活动、演出。

活动区：供学生休闲、娱乐。

学习区：供学生户外学习、读书。

规划总平面图

交通流线分析图

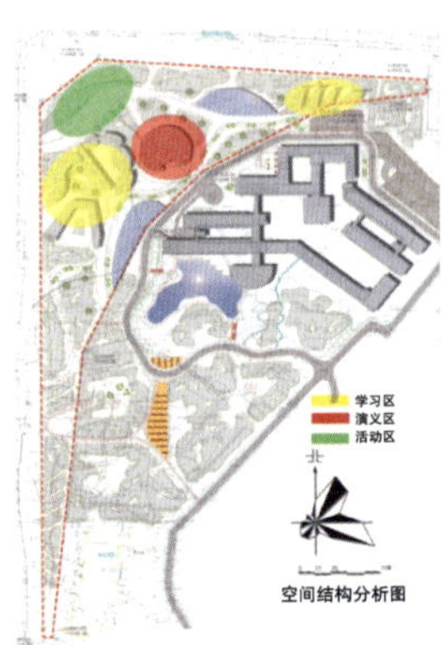

空间结构分析图

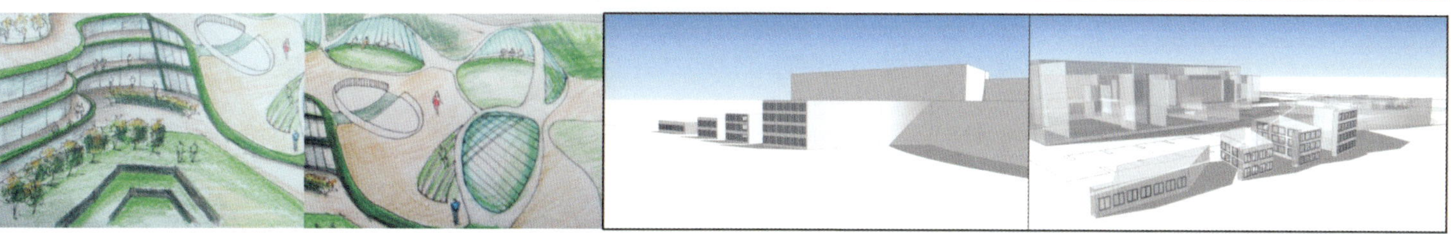

学生获奖感言

陈雪平

参加这个比赛，我感触良多。根本没有想过自己要得什么奖，就想给自己一个锻炼的机会。很感谢许慧老师给我的指导和建议，很感谢一路以来支持我的同学朋友们！曾经因为遇到很多挫折、困难，所以很想放弃，但是由于你们的支持和鼓励，我才会坚持下去。有位高中老师曾经跟我说过这么一句话："历经风雨，方见彩虹，心中有梦，便行动不止！"这句话我依旧印象深刻。我把这句话放在内心最深处，当我迷茫惆怅的时候，我会想起老师的这句话。通过这次比赛，我收获很多，并且了解到自己在哪些方面还做得不足。我会继续努力，并且感恩生活！

许洁

随着哥本哈根会议的举行，低碳设计是现代设计的热门话题，越来越多的设计考虑到人与环境和谐共荣。这次参加麟德景观西北谷设计，尝试了全方位的低碳思考，从材料到形式，再到实用性。在设计过程中遇到很多难题需要解决，在老师的指导下很好地达到了预期的效果。低碳设计是一种长远的设计态度，在这条路上，我将继续前进。

程鹏＼陈燕

通过参加这次以"低碳生活"为主题的深大校园景观设计竞赛，我们对低碳生活，低碳景观的解读有了更深层次的认识与感悟。在方案设计中，我们尽可能多地保留了基地原有的荔枝林，加入了二层廊道系统，循环污水净化系统和坡地景观展示等可以自我循环的景观设计元素，同时构想利用生态能源如太阳能板结合二层步道的外立面进行设计，提供整个场地照明所需的能量。希望用最小的动作带来景观环境最优的改善，在保留基地原有个性的同时，丰富基地的活动，为不同的使用者提供不同的需求选择。

汪杉

有幸在毕业前参加了"麟德新年杯"首届景观设计大赛，其间得到老师多方面的指导，获得了很多启迪，深入思考了设计形态与环境的关系，思考了低碳理念在现代景观设计中的应用，更深入思考了单一设计形态的多重可能与表现力。通过这次设计的深入思考，也是对自己这两年学习生涯的一个总结。应该说，这是我人生的一笔财富。

这次竞赛也为我们提供了一个平台，使我们更多地了解低碳技术的应用以及设计的概念性与实践性。老师的多方面、反复启发是我们设计灵感的来源，每到卡壳之时，老师的点睛之语帮助我们度过迷茫期。感谢一直给予我们帮助的老师！

刘志江

这次能获奖，很感谢广东麟德企业、深圳大学艺术设计学院给我们提供一个展示自己的平台和公平、公正、公开的设计作品选拔赛。这次作品选拔中有非常多的优秀作品，大家在相互竞争的同时，也互相学习和交流，这些都让我受益匪浅，进一步对低碳生活深入理解。当得知自己获奖后，我认为获奖对每个人来说都是一次肯定，我却更加坚定地喜欢设计，而且我也认为设计所表现出的是一种生活态度——一种健康、乐观向上的态度。不在乎你有多高的手绘技巧和软件技术，最重要的是那颗富有激情的心以及来自生活的感悟和积淀。记得《料理鼠王》里有一句"Everyonecancook."我相信只要有心"Everyonecandesign！"

莫小任

一直很喜欢设计，一直对设计充满着激情，每每置身于我想象的设计空间中我总是能想到，当我身边真是这个环境时那该是怎样的舒服，怎样的美好。在我的这次比赛的作品“校园西北角低碳设计”中，本人考虑和结合了实际的环境。运用了深大的精神脚踏实地 Logo 设计出景观的整体平面图，在进行长廊的仿生态与水池的空间布置时考虑到水及金属与周边环境的受热散热的不同导致温度的变化，进而影响气压。我想利用这种气体的回旋带来水凉爽的气息扑面而来的感觉，此时您正在宽宽的阴凉篷底下喝着咖啡。这应该是多么的舒服。感谢指导我前进的老师们，感谢麟德企业带来的这次比赛！祝愿我们学院、我们环艺专业的师生们能奋发向上，勇往直前，永不放弃！

何剑岚

参加本次竞赛不仅仅是一个校园景观设计方案思考过程的总结，更是一种设计思维的开拓和提升。倡导低碳生活、采用生态设计、坚持可持续发展的理念已经深入人心。大学校园景观环境蕴含了丰富的文化内涵和历史积淀，在利用环保技术提高校园景观环境硬件设施的同时，我们更应该为师生营造一种特有的、富有内涵的文化意象空间，达到陶冶情操、净化心灵的目的，促进校园人文精神建设。

张一帆＼马丹霓

很感谢评委组让我们在这次的比赛当中学到许多。从比赛的组织到最后的评选，都经过精密的安排。在学习的过程中，我们不断积累知识、不断寻找多方面的资料、不断探讨、不断改正，就是希望可以让自己学到更多的知识。对于这次的比赛，我们觉得选址很适合，因为就在我们身边的一处地方，那里常年没有用处，荒废的百余平方米地没有作用真的很可惜。我们“雨点”组合希望组委会日后可以举办更多的类似比赛，让更多的学子可以参与进来，可以感受学习的快乐。

仝西波

为自己的校园做景观设计，这是一个极富新意而有现实意义的活动，感谢麟德企业及所有支持本次比赛的单位给予我们这次锻炼和展示的机会。

通过这次设计比赛，收获颇多：首先是自我提升，从实地调研到资料搜集、明确主题、草图创意、图纸表达，经历了一次完整的设计过程，从中学到了校园景观设计的方法和创作思路，体会到了创意所带来的神奇力量。另外，这个平台促进了同学之间的学习交流，在此看到了很多大家新奇独特的设计作品，使自己的思维得到启发和拓展。

李祥峰＼岑锦辉

很荣幸在这次参赛中获奖，感谢麟德公司、憧景园林公司提供的机会。同时感谢我们的蔡强老师为我们争取一个这么好的机会，让我们展现自己。在这个参赛过程中我们学习到很多东西，从基地现场分析到方案阶段我们都共同调研，共同讨论。在方案过程中我们多次讨论，多次否定。始终坚持一个“低碳”的理念。结合现代校园景观、方案特点，尊重现场地形，展开设计。这让我们对概念设计有了新的认识，对设计思维有了新的理解，也在设计的过程中认识到原创的魅力。一个人的成功不仅在于能力与经验，而且也在于他的思维。知道了才会去想、去思考、去创造更好的设计。

后记

本次《低碳生活解读　2010 年“麟德新年杯”首届景观设计大赛作品集》的出版，特别得到了广东麟德企业设计励学基金赞助，同时也得到深圳大学艺术设计学院领导和深大环艺协会社团的鼎立支持。尚旅麟德景观设计顾问（深圳）有限公司、加拿大 G&A 规划与景观设计事务所、深圳市憧景园林景观设计有限公司也给予了协助，同时得到了环境艺术设计系专业教师和学生的大力配合。在此表示深深的感谢！

深圳大学景观设计学研究所以促进景观设计课程与专业实务相结合为目的，开展来了这次校园设计竞赛。为了激励学生的创意热情，真题实作，从实际出发，力求进一步培养、锻炼、提高学生的设计实践能力，使创新意识得到充分的发挥，同时也是对未来设计人才的教育向着应用型方向的培养。让学生通过深入地了解生活，提高技能、发挥想象力，是 2010 年“麟德新年杯”首届景观设计大赛的最终目的。

大赛组委会以深圳大学校园西北角（荔枝园）作为竞赛的选址用地，建立开放或半开放的户外学习空间，营造一个真正的低碳景观设计学习园的示范园。

通过校企合作，以主题设计竞赛的形式对进一步加强对优秀专业人才的培养，扩大深圳大学艺术设计系学院环境艺术设计专业学生的影响力具有特别的意义。我们相信，随着不断提升完善、丰富竞赛活动，一定能取得更好的实用效果。

蔡强

深圳大学艺术设计学院教授

深圳大学景观设计学研究所所长

2010 年 6 月

图书在版编目（CIP）数据

低碳生活解读　2010年“麟德新年杯”首届景观设计大赛作品集/蔡强主编.—北京：中国建筑工业出版社，2010.10
ISBN978-7-112-12488-6

Ⅰ.①低… Ⅱ.①蔡… Ⅲ.①景观-园林设计-作品集-中国-现代 Ⅳ.①TU986.2

中国版本图书馆CIP数据核字（2010）第187147号

责任编辑：唐　旭　吴　绫
责任设计：李志立
责任校对：张艳侠

低碳生活解读
2010年“麟德新年杯”首届景观设计大赛作品集
主编　蔡　强
*
中国建筑工业出版社出版、发行（北京西郊百万庄）
各地新华书店、建筑书店经销
北京嘉泰利德公司制版
利丰雅高印刷（深圳）有限公司印刷
*
开本：880×1230毫米　1/20　印张：$4\frac{3}{5}$　字数：150千字
2010年10月第一版　2010年10月第一次印刷
定价：49.00元
ISBN978-7-112-12488-6
（19770）